普通高等教育"十一五"规划教材

普通高等院校化学精品教材

基础化学实验

（下）

主　　编　　杨道武　　曾巨澜

副主编　　申少华　　李强国

　　　　　　刘治国　　周　昕

参编人员　　（按姓氏笔画排序）

　　　　　　申少华　　刘治国　　李强国

　　　　　　周　昕　　张　玲　　张雄飞

　　　　　　杨道武　　曹　忠　　曾巨澜

　　　　　　董君英　　潘　彤

华中科技大学出版社

中国·武汉

内 容 提 要

本书是作者总结近几年来基础化学实验教学改革成果，并配合新的实验教学体系和模式编写而成的。

全书分上、下两册，共分八章四大部分，分别是基础知识、基本实验、创新研究性实验和附录，其中基本实验又分为基础性实验、综合性实验与设计性实验。创新研究性实验是根据作者多年从事的科研工作总结出来的，共有 16 个实验。全书共收录 140 个实验，其中"三性"实验达 117 个，占 84%。

本书可作为各类大专院校化学、应用化学、化工、环工、轻化、材料、农业、食品、生物、制药和医学等专业的教材，也适用于高等职业院校和师范院校的相关专业，还可供相关专业技术人员参考和选用。

前　言

本书是作者总结参编院校多年来，尤其是近几年进行国家级和省级基础课示范实验室建设以来，在基础化学实验教学方面的改革成果，并配合新的实验教学体系和模式编写而成的。与本书相关的已经立项的教研课题有全国高等学校教学研究中心的"化学化工类专业实习基地群的建立及实训指导资料的研制"、教育部基础化学教学分指导委员会的"实验室管理模式与开放实验"、湖南省教育科学"十一五"规划2008年度课题"理工科大学《分析化学》双语示范性课程建设研究"等。

众所周知，化学是一门实验性很强的学科，化学理论和化学规律的发展、演进和应用都来源于化学实验，离开了实验就不能称其为一门科学。高等学校在进行化学类和化学相关类专业的化学教学中，要从基础实验出发，培养学生"化学"思维创新能力，锻炼学生"化学"实践动手能力，从而为国家培养高素质的创新型人才打下坚实的基础。

作者根据教育部相关要求并配合大学本科化学相关课程的学习，对原实验课程和教材进行了重组和改革，这也是进行各级化学类精品课程建设的需要。新的实验体系力图以较低的成本、较多的实践动手机会和较全面的知识来完善这门实验课程。本实验教材在对传统的无机化学实验、分析化学实验、有机化学实验、物理化学实验和化工基础实验内容改进和重组的基础上，将所有实验编排为基本实验与创新研究性实验两大块，其中基本实验又分为基础性实验、综合性实验与设计性实验。本教材大幅度增加了"三性"实验，即综合性、设计性与创新研究性实验，在所有实验中所占的比例达84％，使本教材更加适应新形势下在有限的实验课时内最大限度地增强基础化学实验对学生的综合化学知识、动手与动脑能力以及创新研究基本素质的培训与强化。

《基础化学实验》分上、下两册，共八章四大部分，即基础知识、基本实验、创新研究性实验和附录。上册由曹忠教授（长沙理工大学）和张玲教授（长沙理工大学）担任主编，由颜文斌教授（吉首大学）、龙立平教授（湖南城市学院）、阎建辉教授（湖南理工学院）、赵晨曦教授（长沙学院）等担任副主编；下册由杨道武教授（长沙理工大学）和曾巨澜博士（长沙理工大学）担任主编，由申少华教授（湖南科技大学）、李强国教授（湘南学院）、刘治国教授（湖南工业大学）、周昕副教授（南华大学）等担任副主编。吴道新博士、李丹副教授、陈平副教授、潘彤讲师、张雄飞博士和董君英副教授等（排名不分先后）在基础化学相关领域具有多年教学经验和从事教研教改的中青年骨干教师参与了本书的编写。全书由曹忠教授和杨道武教授负责统编。此外,参编院校相关教研室(组)的一些同志对本书的编写给予了热情的帮助,在此表示衷心的感谢。

　　限于篇幅,对实验室的安全防护、误差与数据处理、参考文献等内容进行了压缩,对有关实验技术、化学仪器与维护等内容进行了省略。若有需要请参考有关文献。

　　由于编者水平有限,本教材难免存在不妥之处,敬请有关专家和读者提出宝贵意见。

《基础化学实验》教材编委会

2009 年 7 月于长沙

目　　录

第五章　基本实验（Ⅳ）

第一节　基础性实验

实验一　卤代烃的鉴定

实验目的

（1）通过实验进一步认识不同烃基结构、不同卤原子对卤代烃反应速率的影响。

（2）运用所学知识对未知物进行鉴定。

实验原理

卤代烃发生 S_N1 反应：

$$RX + AgNO_3 \longrightarrow AgX \downarrow + RONO_2$$

卤代烃的活性顺序与碳正离子的一致：

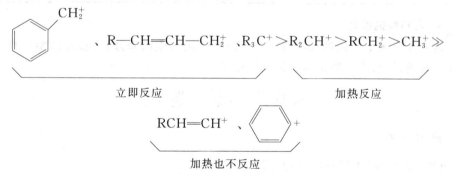

烃基结构相同时，卤代烃的活性顺序：

$$RI > RBr > RCl > RF$$

NaI 和 KI 可溶于丙酮，但相应的氯化物与溴化物则不溶：

$$RCl + NaI \xrightarrow{\text{丙酮}} RI + NaCl \downarrow \qquad RBr + NaI \xrightarrow{\text{丙酮}} RI + NaBr \downarrow$$

实验试剂

$AgNO_3$ 乙醇溶液（5%）；HNO_3（5%）；NaI 丙酮溶液（15%）。

实验步骤

1. 硝酸银试验

取 1 mL 5％ AgNO$_3$ 乙醇溶液盛于试管中,加 2～3 滴试样,振荡后静置 5 min,若无沉淀可煮沸片刻,生成白色或黄色沉淀,加入 1 滴 5％ HNO$_3$,沉淀不溶者视为正反应;若煮沸后只稍微出现混浊(加 5％ HNO$_3$ 又会发生溶解),而无沉淀,则视为负反应。具体试验现象见表 5-1-1。

表 5-1-1　硝酸银试验现象

样品	正氯丁烷	仲氯丁烷	叔氯丁烷	正溴丁烷	溴苯	氯苄	三氯甲烷
现象	加热沉淀	加热沉淀	立即沉淀	加热沉淀	—	立即沉淀	—

2. NaI(KI)丙酮溶液试验

在清洁干燥的试管中加入 2 mL 15％ NaI 丙酮溶液,加入 4～5 滴试样,记下加入试样的时间,振荡后观察并记录生成沉淀所需的时间。若 5 min 内仍无沉淀生成,可将试管于 50 ℃水浴中温热(注意:勿超过 50 ℃),在 6 min 末,将试管冷至室温,观察是否发生反应,记录结果(表 5-1-2)。

表 5-1-2　NaI 丙酮溶液试验现象

样品	正氯丁烷	仲氯丁烷	仲溴丁烷	叔氯丁烷	溴苯
现象	温热沉淀	温热沉淀	温热沉淀	3 min 内沉淀	—

3. 未知物的鉴定

现有 4 瓶无标签试剂,试设计一个表格,列出可能的未知物、选用的鉴定反应和预期出现的现象,给 4 瓶试剂分别贴上标签。

实验二　糖 的 鉴 定

实验目的

(1)验证和巩固糖类物质的主要化学性质。

(2)熟悉糖类物质的鉴定方法。

(3)掌握成脎反应,学习根据糖脎的结晶形状初步判断糖的种类。

实验原理

1. Molish 反应

糖与 α-萘酚在浓硫酸存在下,生成紫色环。

酮糖能与间苯二酚反应,而醛糖不能,据此可区别酮糖和醛糖。

2. 还原性

还原糖:含有半缩醛(酮)的结构,能使 Fehling、Benedict 和 Tollens 试剂还原。

非还原糖:不与 Fehling、Benedict 和 Tollens 试剂作用。

3. 糖脎

单糖与过量苯肼形成糖脎,根据糖脎的晶形、生成时间区别单糖。

二糖中麦芽糖、乳糖、纤维二糖等还原糖能成脎,非还原性二糖如蔗糖不能成脎。

4. 淀粉水解

遇碘变蓝。

实验试剂

糖水溶液(5%);α-萘酚乙醇溶液(10%);浓硫酸;五结晶水酒石酸钾钠(17 g);五水合硫酸铜(20.8 g);氢氧化钠(5 g);无水碳酸钠。

实验步骤

1. α-萘酚试验(Molish 试验)

在试管中加入 0.5 mL 5%糖水溶液,滴入 2 滴 10% α-萘酚乙醇溶液,混合均匀后把试管倾斜 45°,沿管壁慢慢加入 1 mL 浓硫酸(勿摇动),硫酸在下层,试液在上层,若两层交界处出现紫色环,表示溶液含有糖类化合物(表 5-1-3)。

表 5-1-3　Molish 试验现象

样品	葡萄糖	蔗糖	淀粉	滤纸浆
现象	+	+	+	−

2. Fehling 试验

取 Fehling Ⅰ 和 Fehling Ⅱ 溶液各 0.5 mL,混合均匀,并于水浴中微热后,加入样品 5 滴,振荡,再加热,注意颜色变化及有无沉淀析出(表 5-1-4)。

表 5-1-4　Fehling 试验现象

样品	葡萄糖	果糖	蔗糖	麦芽糖
现象	+	+	−	+

Fehling 溶液的配制:因酒石酸钾钠和 $Cu(OH)_2$ 混合后生成的配合物不稳定,故需分别配制,试验时将两溶液混合。

Fehling Ⅰ 溶液:将 3.5 g $CuSO_4 \cdot 5H_2O$ 溶于 100 mL 水中,得淡蓝色液体。

Fehling Ⅱ 溶液:将 17 g 五结晶水酒石酸钾钠溶于 20 mL 热水中,然后加入 20 mL 含 5 g NaOH 的水溶液,稀释至 100 mL 即得无色清亮液体。

3. Benedict 试验

用 Benedict 试剂代替 Fehling 试剂做以上试验,试验现象如表 5-1-5 所示。

表 5-1-5　Benedict 试验现象

样品	葡萄糖	果糖	蔗糖	麦芽糖
现象	＋	＋	－	＋

Benedict 试剂的配制:取 173 g 柠檬酸钠和 100 g 无水 Na_2CO_3 溶解于 800 mL 水中。再取 17.3 g $CuSO_4 \cdot 5H_2O$ 溶解在 100 mL 水中,慢慢将此溶液加入上述溶液中,最后用水稀释至 1 L,如溶液不澄清,可过滤之。

Benedict 试剂为 Fehling 试剂的改进,试剂稳定,不必临时配制,同时它还原糖类时很灵敏。

4. Tollens 试验

在洗净的试管中加入 1 mL Tollens 试剂,再加入 0.5 mL 5%糖水溶液,在 50 ℃ 水浴中温热,观察有无银镜(表 5-1-6)。

表 5-1-6　Tollens 试验现象

样品	葡萄糖	果糖	蔗糖	麦芽糖
现象	＋	＋	－	＋

5. 成脎反应

在试管中加入 1 mL 5%试样,再加入 0.5 mL 10%苯肼盐酸盐溶液和 0.5 mL 15%醋酸钠溶液,在沸水浴中加热并不断振摇,比较产生脎结晶的速度,记录成脎的时间,并在低倍显微镜下观察脎的结晶形状(表 5-1-7)。

表 5-1-7　成脎反应现象

样品	葡萄糖	果糖	蔗糖	麦芽糖
现象	＋	＋	－	＋

6. 淀粉水解

在试管中加入 3 mL 淀粉溶液,再加入 0.5 mL 稀硫酸,在沸水浴中加热 5 min,冷却后用 10%NaOH 溶液中和至中性。取 2 滴与 Fehling 试剂作用,观察现象。

实验注意事项

(1)醋酸钠与苯肼盐酸盐作用生成苯肼醋酸盐,易水解生成苯肼。

$$C_6H_5NHNH_2 \cdot HCl + CH_3COONa \longrightarrow C_6H_5NHNH_2 \cdot CH_3COOH + NaCl$$

$$C_6H_5NHNH_2 \cdot CH_3COOH \rightleftharpoons C_6H_5NHNH_2 + CH_3COOH$$

苯肼毒性较大,实验过程中应小心,防止溢出或沾到皮肤上。如触及皮肤,应先用稀醋酸洗，然后水洗。

（2）蔗糖不与苯肼作用生成脎，但长时间加热可能水解成葡萄糖和果糖，而有少量脎沉淀出现。

实验三　工业酒精的蒸馏

实验目的

掌握蒸馏的基本原理和意义，掌握蒸馏的基本操作。

实验原理

蒸馏是分离和提纯液态有机物常用的重要方法之一。

液体分子由于分子运动有从表面逸出的倾向。在密闭容器中，当分子由液体逸出的速度与分子由蒸气中回到液体中的速度相等时，液面上的蒸气保持一定的压力，即达到饱和，称为饱和蒸气压。实验证明，液体的蒸气压只与温度有关，与液体和蒸气的绝对量无关。

当液态物质受热时，它的蒸气压随温度升高而增大。待蒸气压大到和大气压或所给压力相等时，液体沸腾，此时的温度称为液体的沸点。每种纯液态有机物在一定压力下具有固定的沸点。

所谓蒸馏就是将液态物质加热到沸腾变为蒸气，又将蒸气冷凝为液体这两个过程的联合操作。利用蒸馏可将易挥发和不易挥发的物质分离，将沸点相差较大（如相差 30 ℃）的液态混合物分离。纯液态有机物在蒸馏过程中沸点范围很小（0.5～1 ℃），所以蒸馏可用来测定沸点。如果在蒸馏过程中，沸点发生变动，说明物质不纯，可用来检验物质的纯度。但沸点一定的物质不一定都是纯物质，某些有机物往往能和其他组分形成二元或三元共沸混合物。

实验仪器及试剂

烧瓶（50 mL）；蒸馏头；温度计；温度计套管；直形冷凝管；接收器；锥形瓶；量筒；漏斗；十字夹；铁架台；冷凝管夹。

工业酒精 30 mL；沸石。

蒸馏装置主要包括蒸馏瓶、冷凝管和接收器三部分。

安装仪器顺序一般都是自下而上，从左到右。要准确端正，横平竖直。

所蒸馏的原料体积应占蒸馏瓶容量的 1/3～2/3。

温度计水银球的位置：温度计水银球的上限应和蒸馏头侧管的下限在同一水平线上。

冷凝管出水口的方向：从下口流入，从上口流出，以保证冷凝管的套管中始终充满水。

同一实验桌上的两套装置应蒸馏瓶对蒸馏瓶或接收器对接收器,以防止火灾。

蒸馏易燃液体,接收器上应连接一长橡皮管通入水槽或室外。

蒸馏的物质易受潮时,接收器上可连接一干燥管。

当蒸馏的液体沸点高于140 ℃时,应该换用空气冷凝管。

实验步骤

加料:将待蒸馏液通过长颈玻璃漏斗倒入蒸馏瓶中,注意不要使液体从支管中流出。加入沸石,塞好带温度计的塞子。

选用合适的热浴。

先通水后加热。(如何控制火的大小?)

注意蒸馏速度,通常以每秒 1～2 滴为宜。如实记录收集液体的沸程($\Delta T \leqslant 2$ ℃)。

进行蒸馏前,至少要准备两个接收瓶。在达到沸点前先蒸出的馏液称为前馏分,正式接收馏液的接收瓶应事先称重并做记录。

不管蒸馏什么物质,即使杂质含量很少,也不能蒸干,防止爆炸。

测定液体物质的纯度,可通过测定它的折射率来判断。

蒸馏完毕,先应灭火,然后停止通水,先取下接收器,然后取下尾接管、冷凝管、蒸馏头和蒸馏瓶。

实验注意事项

(1) 不要忘记加沸石,每次重蒸前都要重新添加沸石。若忘记加沸石,则需待液体冷却一段时间后,再行补加,防止暴沸。

(2) 系统不能封闭,尤其在装配有干燥管或气体吸收装置时更要注意。

(3) 若用油浴加热,切不可将水弄进油中。

(4) 蒸馏过程中欲向烧瓶中加液体,必须停火后进行,不得中断冷凝水。

(5) 蒸馏过程需密切注意温度计读数。液体在接近沸点时蒸气增多并上升,当蒸气到达温度计水银球后,温度计读数会快速上升直达沸点;而蒸馏完毕后,温度计读数会下降,这也是某一组分液体蒸馏完成的标志。

(6) 在蒸馏前应检查是否有对热敏感物质,如乙醚中是否有过氧化物,若有,须除去后方可蒸馏。在蒸馏过程中,不得离人。如遇停水,应立即关闭火源。

实验四　环己烯的制备

实验目的

(1) 学习以浓硫酸催化环己醇脱水制备环己烯的原理与方法。

(2) 掌握分馏和水浴蒸馏的基本操作技能。

实验原理

实验室中通常可以用浓磷酸或浓硫酸作催化剂，脱水制备环己烯。本实验以浓硫酸作脱水剂来制备环己烯。

主反应：

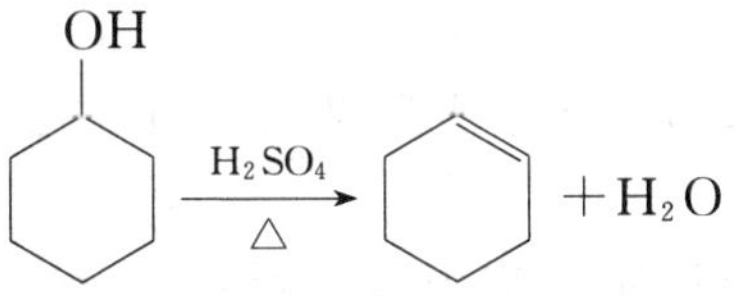

副反应：

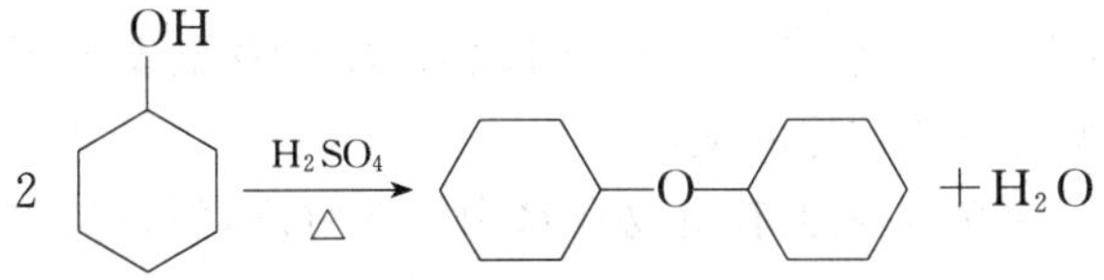

实验仪器及试剂

圆底烧瓶（50 mL）；分馏柱；直形冷凝管；石棉网；三角烧瓶（50 mL）；烧杯；分液漏斗。

环己醇（15.6 mL，15 g，0.15 mol）；浓硫酸；精盐；碳酸钠溶液（5%）；无水氯化钙；沸石。

实验步骤

1. 环己烯粗产品的制备

将 15 g 环己醇、1 mL 浓硫酸和几粒沸石依次加入 50 mL 干燥的圆底烧瓶中，充分振摇使之混合均匀，安装分馏装置，接上冷凝管，接收瓶浸在冷水浴中。将烧瓶里的混合物加热至沸腾，控制分馏柱馏出温度不超过 90 ℃。慢慢蒸出环己烯和水的混浊液体。当烧瓶中只剩下很少量的残渣并出现阵阵白雾时，即可停止加热，全部蒸馏时间为 1 h 左右。

2. 粗产品的后处理

馏出液先用食盐饱和，然后加 5% 的碳酸钠溶液 3～4 mL 中和微量的酸。将液体转入分液漏斗中，振摇后静置分层，分出有机相（上层），上层粗产品转入干燥的小三角烧瓶中，加入 1～2 g 无水氯化钙干燥。

3. 粗产品的提纯

将干燥后清亮透明的溶液滤入蒸馏瓶中，加入沸石，水浴蒸馏，用一干燥的小三角烧瓶收集 80～85 ℃ 的馏分，称重，计算产率。

纯环己烯为无色液体，沸点为 82.98 ℃，折射率为 1.446 5，相对密度为 0.808。

实验注意事项

（1）本实验也可用浓磷酸代替浓硫酸作脱水剂，其用量必须是浓硫酸的一倍以上。它与浓硫酸相比有明显的优点：①不生成炭渣；②不产生难闻气体（二氧化硫）。

（2）环己烯在常温下是黏稠状液体（熔点为 24 ℃），若用量筒量取时应注意转移中的损失。

（3）最好使用空气浴，即将烧瓶底稍微离开石棉网进行加热，使蒸馏瓶受热均匀，防止局部过热。

（4）本实验关键在于控制反应温度。反应中环己烯与水形成共沸物（沸点70.8 ℃，含水 10％），环己醇与环己烯形成共沸物（沸点 64.9 ℃，含环己醇 30.5％），环己醇与水形成共沸物（沸点 97.8 ℃）。因此，在加热时温度不可过高，蒸馏速度不可太快，以减少未作用的环己醇的蒸出。

（5）加入食盐的目的是减少有机物在水中的溶解度，但食盐也不可加得过多，以免堵塞活塞孔。

（6）水层应尽可能分离完全，否则将增加无水氯化钙的用量，使产物更多地被干燥剂吸附而招致损失。无水氯化钙还可除去少量环己醇。

（7）蒸馏装置必须充分干燥，否则产品有可能出现混浊（含水），需重新干燥后蒸馏。

思考题

（1）在制备过程中为什么要控制分馏柱顶部的温度？

（2）在粗制的环己烯中，加入精盐使水层饱和的目的是什么？

（3）在蒸馏产物时，若在 80 ℃以下有较多液体蒸出，这是什么原因？如何避免？

第二节　综合性实验

实验五　1-溴丁烷的制备

实验目的

（1）学习以溴化钠、浓硫酸和正丁醇制备 1-溴丁烷的原理和方法。

（2）练习带有吸收气体装置的回流加热操作。

实验原理

正丁醇与溴化钠、浓硫酸共热而制得 1-溴丁烷。

主反应：

$$NaBr + H_2SO_4 \longrightarrow HBr + NaHSO_4$$

$$n\text{-}C_4H_9OH + HBr \Longrightarrow n\text{-}C_4H_9Br + H_2O$$

副反应:

$$CH_3CH_2CH_2CH_2OH \xrightarrow[\triangle]{\text{浓 } H_2SO_4} CH_3CH_2CH{=\!=}CH_2 + H_2O$$

$$2n\text{-}C_4H_9OH \xrightarrow[\triangle]{\text{浓 } H_2SO_4} n\text{-}C_4H_9OC_4H_9 + H_2O$$

$$2HBr + H_2SO_4 \xrightarrow{\triangle} Br_2 + SO_2 + 2H_2O$$

实验仪器及试剂

圆底烧瓶(100 mL);球形冷凝管;石棉网;三角烧瓶;烧杯;分液漏斗;漏斗;蒸馏烧瓶。

正丁醇(9.2 mL,7.4 g,0.1 mol);无水溴化钠(13 g,0.13 mol,研细);浓硫酸;饱和碳酸氢钠溶液;无水氯化钙;沸石;5%氢氧化钠溶液(作吸收剂);饱和亚硫酸氢钠溶液(洗溴)。

主要试剂及产物的物理常数如表 5-2-1 所示。

表 5-2-1 主要试剂及产物的物理常数

化合物	相对分子质量	性状	折射率	相对密度	熔点/℃	沸点/℃	溶解度/(g/100 g 溶剂)		
							水	醇	醚
正丁醇	74.12	无色透明液体	1.399 3	0.809 8	−89.5	117.7	7.920	∞	∞
1-溴丁烷	137.03	无色透明液体	1.439 8	1.299	−112.4	101.6	不溶	∞	∞

实验步骤

1. 1-溴丁烷粗产品的制备

如图 5-2-1 所示,安装带有气体吸收的回流反应装置。选择 100 mL 干燥的圆底烧瓶作反应瓶,用 5%氢氧化钠溶液作吸收剂。在圆底烧瓶中先加入 10 mL 水,然后慢慢加入 14 mL 浓硫酸,充分混匀并冷至室温,再依次加入 9.2 mL 正丁醇、13 g 溴化钠,充分振摇后加几粒沸石,连上气体吸收装置。小火加热至沸,回流 0.5 h,在此过程中,经常摇动烧瓶使反应完全。待反应液冷却后,移去冷凝管,加上蒸馏弯头,蒸出粗产物 1-溴丁烷。

2. 粗产品的后处理

馏出液转入分液漏斗,加入等体积的水洗涤。静置分层

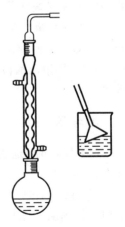

图 5-2-1 气体吸收回流反应装置

后,产物转入另一干燥的分液漏斗中,用等体积的浓硫酸洗涤,分去硫酸层,留取有机相,再依次用等体积的水、饱和碳酸氢钠溶液洗涤后转入干燥的三角烧瓶中,加无水氯化钙干燥。

3. 粗产品的提纯

将干燥后的产物滤入蒸馏瓶中,加入几粒沸石,蒸馏,用一干燥的小三角烧瓶收集 100~103 ℃的馏分。称重,计算产率。

纯1-溴丁烷为无色透明液体,沸点为 101.6 ℃,折射率为 1.440 1。

实验注意事项

(1) 注意加料顺序,不可以先使溴化钠与浓硫酸混合,然后再加入正丁醇和水,同时应将浓硫酸慢慢加入水中,而不是把水加入浓硫酸中。

(2) 加料过程中和反应回流时,须不断摇动反应瓶,使充分混合,否则影响产率。

(3) 吸收装置应使漏斗口恰好接触水面,切勿浸入水中,以免倒吸。

(4) 1-溴丁烷是否蒸完,可以从三方面判断:①馏出液是否由混浊转为澄清;②蒸馏烧瓶中上层油层是否蒸完;③取一支试管收集几滴馏出液,加少许水摇动,如无油珠出现,则表示有机物已被蒸完。

(5) 馏出液水洗后如有红色,是因为溴化钠被浓硫酸氧化,生成了溴的缘故,可加入 10~15 mL 饱和亚硫酸氢钠溶液洗涤除去。

(6) 浓硫酸能洗去粗品中少量未反应的正丁醇和副产物正丁醚等杂质,否则正丁醇和1-溴丁烷形成共沸物(沸点 98.6 ℃,含正丁醇 13%)而难以除去。

(7) 加料时不要让溴化钠黏附在液面以上的烧瓶壁上,也不要一开始加热过猛,否则回流时反应混合物的颜色很快变深,甚至会产生少量炭渣。

(8) 粗产品蒸馏时油层的黄色褪去,馏出液无色。若油层蒸完后继续蒸馏,蒸馏瓶中的液体又渐变黄色,是 HBr 被浓硫酸氧化所致。

(9) 判断粗产品蒸馏是否完成,可观察冷凝管中有无油滴,或蒸气温度持续上升至 105 ℃以上而馏出液增加甚慢时即可停止。

(10) 用浓硫酸洗涤粗产物时,一定要先将油层与水层彻底分开,否则影响洗涤效果。

思考题

(1) 加料时,是否可以先使溴化钠与浓硫酸混合,然后再加正丁醇及水?为什么?

(2) 回流加热后反应瓶中的内容物呈红棕色是什么缘故?蒸完1-溴丁烷后,残余物应趁热倒入烧杯中,为什么?

(3) 各步洗涤的目的是什么?

(4) 在洗涤中如何判断有机层?

实验六　正丁醚的制备

实验目的

(1) 学习醇分子间脱水制醚的反应原理和实验方法。

(2) 学习分水器的原理及操作。

实验原理

主反应：

$$2CH_3CH_2CH_2CH_2OH \underset{}{\overset{H_2SO_4,135\,℃}{\rightleftharpoons}} CH_3CH_2CH_2CH_2OCH_2CH_2CH_2CH_3 + H_2O$$

副反应：

$$CH_3CH_2CH_2CH_2OH \xrightarrow[>135\,℃]{H_2SO_4} CH_3CH_2CH=CH_2 + H_2O$$

使用分水器将反应中产生的水从系统中移出，从而使主反应朝着正反应方向进行，提高产率。

实验仪器及试剂

二颈烧瓶(或三颈烧瓶 100 mL)；球形冷凝管；石棉网；三角烧瓶(50 mL)；分水器；温度计；分液漏斗；蒸馏头。

正丁醇(31 mL,25 g,0.34 mol)；浓硫酸；无水氯化钙；氢氧化钠溶液(5%)；饱和氯化钙溶液；沸石。

实验步骤

1. 反应

于100 mL 二颈烧瓶中加入 31 mL 正丁醇及 4.5 mL 浓硫酸,充分混合均匀,加入沸石,如图 5-2-2 所示安装带分水器的回流装置。正丁醇、浓硫酸混合应充分,否则在加热过程中发生炭化。温度计的水银球插在液面下,分水器中加入$(V-3.5)$ mL 水,分水器的位置应正确。

用小火在石棉网上加热回流,保持微沸,当烧瓶内温度上升至 135 ℃左右,分水器全部被水充满时,即可停止反应,大约需要 1.5 h。若继续加热,则反应液变黑并有较多的副产物生成。

2. 纯化

冷却后,将反应液连同分水器中的水一起倒入装有 50 mL 水的分液漏斗中,充分振摇,静置后弃去下层。粗产物依次用 25 mL 水、15 mL 5%氢氧化钠溶液(洗去酸)、15 mL 水

图 5-2-2　带分水器的回流装置

(洗去碱)、15 mL 饱和氯化钙溶液(洗去醇)洗涤,用 1～2 g 无水氯化钙干燥。将干燥后的粗产物滤入 25 mL 蒸馏瓶中,加沸石,安装蒸馏装置。在石棉网上用空气冷凝管蒸馏收集 140～144 ℃馏分,产物称重,测折射率。

纯正丁醚沸点为 142.4 ℃,折射率为 1.339 2。

实验注意事项

(1) 温度计水银球应浸入液面以下,但不能抵到烧瓶瓶底。

(2) 分水器的塞子不能漏水。V 为分水器的体积,本实验根据理论计算失水体积为 3 mL,实际分出水的体积略大于计算量,所以分水器加满水后先放掉 3.5 mL 水。

$$2C_4H_9OH \longrightarrow H_2O + (C_4H_9)_2O$$
$$2\times74 \qquad 18 \qquad 130$$

若本实验用 25 g 正丁醇脱水制正丁醚,那么应该脱去的水量为

$$25\times18/(2\times74) \text{ g} = 3.04 \text{ g}$$

所以,在实验以前预先在分水器里加(V−3.5) mL 水,那么加上反应后生成的水一起正好充满分水器,使汽化冷凝后的醇正好溢流返回反应瓶中,从而达到自动分离的目的。

(3) 制备正丁醚的适宜温度是 130～140 ℃,但这一温度在开始回流时很难达到。因为形成了正丁醚-水共沸物(沸点 94.1 ℃,含水 33.4%)、正丁醚-水-正丁醇三元共沸物(沸点 90.6 ℃,含水 29.9%,含正丁醇 34.6%)、正丁醇-水共沸物(沸点 93.0 ℃,含水 44.5%),故应控制温度在 90～100 ℃之间较合适,而实际操作是在 100～115 ℃之间。

(4) 碱洗过程中,不要太剧烈摇动分液漏斗,否则生成的乳浊液很难破坏而影响分离。

思考题

(1) 实验中为什么要使用分水器?

(2) 反应结束后为什么要将混合物倒入 50 mL 水中?各步洗涤的目的是什么?

(3) 如何严格掌控反应温度?怎样得知反应是否比较完全?

实验七 己二酸的制备

实验目的

(1) 学习用环己醇氧化制备己二酸的原理及方法。

(2) 掌握浓缩、过滤、重结晶的操作技能。

实验原理

己二酸是合成尼龙-66 的主要原料之一,实验室可用硝酸或高锰酸钾氧化环己醇制得。

反应式:

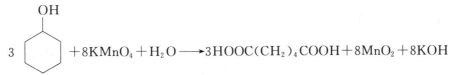

$$3\ \text{(环己醇)} + 8KMnO_4 + H_2O \longrightarrow 3HOOC(CH_2)_4COOH + 8MnO_2 + 8KOH$$

常用氧化剂有 H_2CrO_4、$KMnO_4$、HNO_3、CH_3CO_3H 等。

H_2CrO_4 及其盐据报道有致癌作用,且价格较贵。

$KMnO_4$ 反应温和,可在酸、碱、中性条件下进行,适用性广泛。

HNO_3 具有价格低、反应快、时间短、易分离等优点。

实验仪器及试剂

球形冷凝管;温度计;三颈烧瓶;漏斗;烧杯;布氏漏斗;恒压滴液漏斗;电动搅拌器。

环己醇(2.1 mL, 2 g, 0.02 mol);高锰酸钾(6 g, 0.038 mol);10%氢氧化钠溶液;亚硫酸氢钠;浓盐酸。

主要试剂及产物的物理常数如表 5-2-2 所示。

表 5-2-2　主要试剂及产物的物理常数

化合物	相对分子质量	性状	折射率	相对密度	熔点/℃	沸点/℃	溶解度/(g/100 g 溶剂)		
							水	醇	醚
环己醇	100.16	无色晶体或液体	1.464 1	0.962 4	25.15	161.1	3.6	可溶	可溶
己二酸	146.14	单斜晶棱柱体	—	1.360	153	265	1.4	易溶	0.6

实验步骤

在装有球形冷凝管、恒压滴液漏斗、温度计、电动搅拌器的 250 mL 三颈烧瓶中,放置 5 mL 10%的氢氧化钠溶液和 50 mL 水,搅拌下加入 6 g 高锰酸钾。待高锰酸钾溶解后,由恒压滴液漏斗慢慢滴加 2.1 mL 环己醇,控制滴加速度,维持反应温度在 45~50 ℃之间。滴加完毕后反应温度开始下降时,在沸水浴中将混合物加热 5 min,使氧化反应完全并使二氧化锰沉淀凝结。用玻棒蘸一滴反应混合物点到滤纸上做点滴试验。如有高锰酸盐存在,则在二氧化锰点的周围出现紫色的环,可加少量固体亚硫酸氢钠直到点滴试验呈负性为止。

趁热抽滤混合物,滤渣二氧化锰用少量热水洗涤 3 次,合并滤液与洗涤液,用约 4 mL 浓盐酸酸化,使溶液呈酸性(刚果红试纸变蓝)。加少量活性炭煮沸脱色后,趁热过滤,滤液在石棉网上加热浓缩,使溶液体积减少至 10 mL 左右,放置结晶,抽滤,冰水洗涤滤饼,得白色己二酸结晶。用水重结晶,产量 1.5～2 g。

纯己二酸为白色棱状晶体,熔点为 153 ℃。

实验注意事项

(1) 此反应为剧烈放热反应,环己醇的滴加速度不宜过快,以免反应过剧,引起爆炸。

(2) 环己醇的熔点为 24 ℃,熔融时为黏稠液体,为减少转移时的损失,可用少量水冲洗量筒,并加入恒压滴液漏斗中。在室温较低时,这样做可以避免堵住漏斗。

(3) 不同温度下己二酸在水中的溶解度如表 5-2-3 所示。浓缩母液可回收少量产物。

表 5-2-3　不同温度下己二酸在水中的溶解度

温度/℃	15	34	50	70	87	100
溶解度/(g/100 g 水)	1.44	3.08	8.46	34.1	94.8	100

思考题

(1) 本实验中为什么必须控制反应温度和环己醇的滴加速度?

(2) 粗产物为什么必须干燥后称重并最好进行熔点的测定?

实验八　乙酸乙酯的制备

实验目的

(1) 了解用有机酸合成酯的一般原理及方法。

(2) 掌握蒸馏、分液漏斗的使用等操作。

实验原理

乙酸和乙醇在浓硫酸催化下生成乙酸乙酯:

$$CH_3COOH + CH_3CH_2OH \underset{110\sim120\ ℃}{\overset{H_2SO_4}{\rightleftharpoons}} CH_3COOC_2H_5 + H_2O$$

酯化反应进行很慢,需要酸催化,反应是可逆的,当反应进行到一定程度时,即达到极限,66.6% 的酯生成。在实验中,可以采用以下两种方法促使酯化反应尽量向生成物方向进行:①增加反应物的浓度;②除去反应生成的水(在酯化过程中采用共沸等方法,随时把水蒸出)。为了提高酯的产量,本实验采用加入过量的乙醇以及把反应中生成的酯和水蒸出的方法。在工业生产中,一般采用加入过量的乙酸,以便使乙醇转化完全,避免由于乙醇、水及乙酸乙酯形成二元或三元共沸物给分离带来困难。

实验仪器及试剂

圆底烧瓶(100 mL);球形冷凝管;石棉网;三角烧瓶(50 mL);温度计;分液漏斗;蒸馏头。

冰乙酸(14.3 mL,15 g,0.25 mol);无水乙醇(23 mL,18.4 g,0.4 mol);浓硫酸;无水硫酸镁;饱和碳酸钠溶液;沸石;pH试纸;饱和食盐水;饱和氯化钙溶液。

实验步骤

1. 乙酸乙酯粗产品的制备

将14.3 mL冰乙酸和23 mL乙醇加入100 mL干燥的圆底烧瓶中,边摇动边缓缓加入7.5 mL浓硫酸,然后加几粒沸石,摇匀后装上球形冷凝管。水浴加热回流0.5 h,改为蒸馏装置,接收瓶用冷水冷却。水浴蒸馏直至不再有馏出物,此时馏出液体积约为反应物总体积的1/2。

2. 粗制乙酸乙酯的后处理

在馏出液中慢慢加入饱和碳酸钠溶液,直至不再有二氧化碳气体产生。然后将混合液转入分液漏斗,分去下层水溶液,酯层用10 mL饱和食盐水洗涤后,用10 mL饱和氯化钙溶液洗涤两次。分去下层液体,酯层自分液漏斗上口倒入干燥的三角烧瓶中,用无水硫酸镁干燥20~30 min。

3. 纯乙酸乙酯的制备

将干燥后产物用长颈漏斗(用脱脂棉轻堵住漏斗颈口)滤入蒸馏瓶中,加入几粒沸石,水浴蒸馏,用一干燥的小三角烧瓶收集73~78 ℃的馏分。称重,计算产率。

纯乙酸乙酯沸点为77.06 ℃,折射率为1.372 7。

实验注意事项

(1) 用饱和碳酸钠除去产物中的酸,因为在馏出液中除了酯和水外,还有未反应的少量的乙酸和乙醇,也有副产物乙醚。用饱和氯化钙溶液除去未反应的醇。

(2) 当酯层用碳酸钠洗过后,若紧接着就用氯化钙溶液洗涤,可能产生絮状的碳酸钙沉淀,使进一步分离变得困难,因此这两步操作之间必须水洗一下。由于乙酸乙酯在水中有一定的溶解度,为了尽可能减少损失,所以用饱和食盐水洗涤。

(3) 酯层中的乙醇不除净或干燥不够时,乙酸乙酯、乙醇、水可形成低沸点的共沸物,从而影响酯的产率,故需干燥。

(4) 由于乙酸乙酯、乙醇、水可形成低沸点的共沸物,所以在未干燥前已经清亮透明,因此,不能以产品是否透明作为是否干燥好的标准,应以干燥剂加入后吸水情况而定,并放置30 min,其间要不时摇动。

实验九　呋喃甲醇和呋喃甲酸的制备

实验目的

学习由呋喃甲醛制备呋喃甲醇与呋喃甲酸的原理和方法,从而加深对 Cannizzaro 反应的认识。

实验原理

反应式:

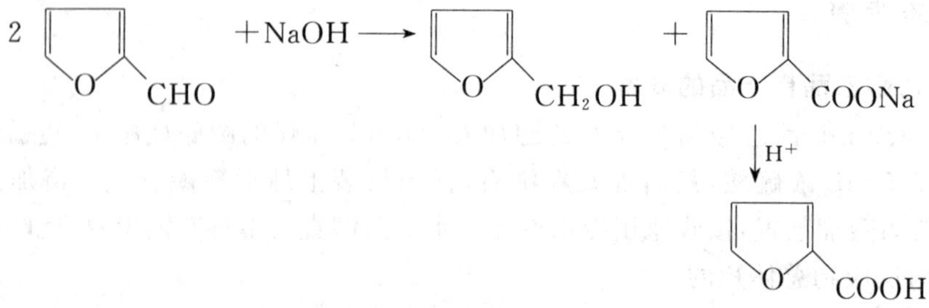

Cannizzaro 反应的实质是羰基的亲核加成。反应涉及羟基负离子对一分子芳香醛的亲核加成、加成物的负氢向另一分子芳香醛的转移和酸碱交换反应。在 Cannizzaro 反应中,通常使用浓碱,其中碱的物质的量比醛的物质的量多 1 倍以上,否则反应不完全,未反应的醛与生成的醇混在一起,通过一般蒸馏很难分离。但此反应碱的用量与醛的用量相当。

实验试剂

呋喃甲醛(新蒸)(19 g,16.4 mL,0.2 mol);氢氧化钠(8 g,0.2 mol);乙醚;盐酸;无水碳酸钾。

主要试剂及产物的物理常数如表 5-2-4 所示。

表 5-2-4　主要试剂及产物的物理常数

化合物	相对分子质量	性状	相对密度	熔点/℃	沸点/℃	折射率	溶解度/(g/100 g 溶剂)		
							水	醇	醚
呋喃甲醛	96.09	无色透明液体	1.159 4	-38.7	161.7	1.526 1	9.1	易溶	混溶
呋喃甲醇	98.10	无色透明液体	1.129 6	-31	171	1.486 8	混溶	易溶	易溶
呋喃甲酸	112.09	白色针状	—	133～134	230～232	—	可溶	可溶	易溶

实验步骤

1. Cannizzaro 反应

将 8 g 氢氧化钠溶于 12 mL 水中,冷却,即得氢氧化钠溶液。另取 16.4 mL 新蒸过的呋喃甲醛于烧杯中,将烧杯浸入冰水中冷却。冷却后,边搅拌边用滴管将氢氧化钠溶液滴加到呋喃甲醛中,滴加过程必须保持反应温度在 8～12 ℃之间,约 1 h 加完。加完后,仍保持此温度继续搅拌 1 h,反应即可完成,得米黄色浆状物。

2. 呋喃甲醇的制备

在搅拌下向反应混合物中加入 20 mL 水,使沉淀恰好完全溶解,此时溶液呈透明的暗红色。将溶液转入分液漏斗中,用乙醚(每次 10 mL)萃取 4 次。合并乙醚萃取液,用无水硫酸镁干燥后,滤入 100 mL 干燥的圆底烧瓶中,先在水浴上蒸去乙醚,然后将剩余液体转入 25 mL 的干燥圆底烧瓶,在石棉网上加热蒸馏呋喃甲醇,选择空气冷凝管,收集 169～172 ℃的馏分,产量 6～7 g。纯呋喃甲醇为无色透明液体,沸点为 171 ℃,折射率为 1.486 8。

3. 呋喃甲酸的制备

乙醚提取后的水溶液在搅拌下慢慢加入浓盐酸(约需 5 mL),至刚果红试纸变蓝。冷却结晶,抽滤,产物用少量冷水洗涤,抽干后收集产品,粗产物用水重结晶,加活性炭脱色,得白色针状呋喃甲酸,产量约 8 g,熔点为 133～134 ℃。

实验注意事项

(1) 呋喃甲醛使用前必须蒸馏提纯,收集 155～162 ℃的馏分。

(2) 反应温度高于 12 ℃,则反应物温度极易升高而难以控制,致使反应物变成深红色;若低于 8 ℃,则反应过慢,可能积累一些氢氧化钠,一旦发生反应,则过于猛烈,使温度升高,增加副反应,影响产量及纯度。

(3) 自氧化还原反应是在两相间进行的,因此必须充分搅拌,这是反应成功的关键。

(4) 在反应过程中会有许多呋喃甲酸钠析出,加水溶解,可使米黄色的浆状物转为酒红色透明状的溶液。但若加水过多会导致损失一部分产品。

(5) 酸量一定要加足,保证 pH＝3,使呋喃甲酸充分游离出来,这一步是影响呋喃甲酸收率的关键。

(6) 重结晶呋喃甲酸粗品时,不要长时间加热回流,否则部分呋喃甲酸会被分解,出现油状物。

思考题

(1) 试比较 Cannizzaro 反应与羟醛缩合反应在醛的结构上有何不同。

(2) 本实验是根据什么原理来分离和提纯呋喃甲醇和呋喃甲酸这两种产物的?

实验十　三苯甲醇的制备

实验目的

(1) 了解 Grignard 试剂的制备、应用和进行 Grignard 反应的条件。

（2）掌握电动搅拌、回流、萃取、蒸馏（包括低沸物蒸馏）等操作。

实验原理

实验室制备醇，除了羰基还原（醛、酮、羧酸和羧酸酯）和烯烃的硼氢化-氧化等方法外，利用 Grignard 反应是合成各种结构复杂的醇的主要方法。卤代烷和溴代芳烃与金属镁在无水乙醚中反应生成烃基卤化镁，又称 Grignard 试剂。

$$RX + Mg \xrightarrow{\text{无水乙醚}} RMgX$$

乙醚在 Grignard 试剂的制备中有重要作用，醚分子中氧上的非键电子可以和试剂中带部分正电荷的镁作用，生成配合物：

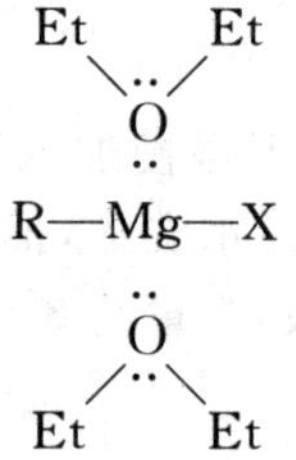

Grignard 试剂的制备必须在无水的条件下进行，所用仪器和试剂均需要干燥，因为微量水分的存在会抑制反应的引发，而且会分解形成的 Grignard 试剂而影响产率：

$$RMgX + H_2O \longrightarrow RH + Mg(OH)X$$

此外 Grignard 试剂还能与氧、二氧化碳作用及发生耦合反应：

$$2RMgX + O_2 \longrightarrow 2ROMgX$$

$$RMgX + RX \longrightarrow R-R + MgX_2$$

$$RMgX + CO_2 \longrightarrow RCOOMgX$$

故 Grignard 试剂不宜长时间保存。

Grignard 反应是一个放热反应，所以卤代烃的滴加速度不宜过快，必要时可用冷水冷却。当反应开始后，应调节滴加速度，使反应物保持微沸为宜。对活性较差的卤化物或反应不易发生时，可采用加入少许碘粒或事先已制好的 Grignard 试剂引发反应。

本实验的反应式：

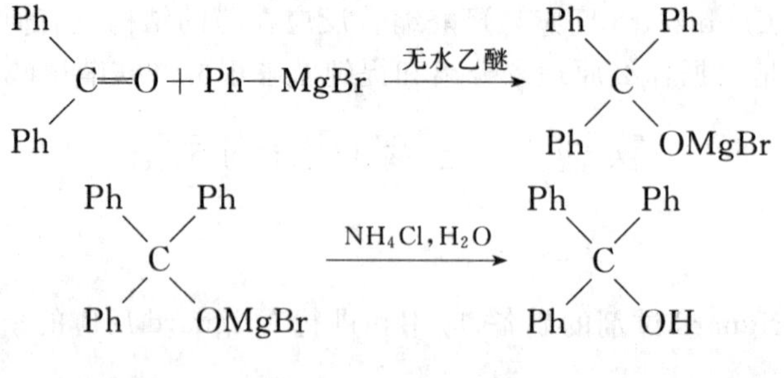

副反应：

$$Ph—MgBr + Ph—Br \longrightarrow Ph—Ph$$

实验仪器及试剂

电动搅拌器；三颈烧瓶(250 mL)；冷凝管；恒压滴液漏斗；干燥管；蒸馏用仪器。
镁屑(1.4 g)；溴苯(5.3 mL)；二苯甲酮(9 g)；无水乙醚；氯化铵；乙醇。

实验步骤

1. 苯基溴化镁的制备

图 5-2-3(a)是可同时进行搅拌、回流和自滴液漏斗加入液体的实验装置；图 5-2-3(b)的装置还可同时测量反应的温度；图 5-2-3(c)是带干燥管的搅拌装置；图 5-2-3(d)是磁力搅拌装置。

按图 5-2-3(c)所示在 250 mL 三颈烧瓶上分别装上电动搅拌器、冷凝管及恒压滴液漏斗，在冷凝管上装置氯化钙干燥管。三颈烧瓶内放置 1.4 g 镁及一小粒碘，在恒压滴液漏斗中混合 5.3 mL 溴苯及 20 mL 无水乙醚。先将 1/3 的混合液滴入烧瓶中，数分钟后即见镁屑表面有气泡产生，溶液轻度混浊，碘的颜色开始消失。若不发生反应，可适当加热。反应开始后开动搅拌，缓缓地加入其余的溴苯-乙醚混合溶液（注意：太快则会得到R—R），滴加速度保持溶液呈微沸状态。加毕后，在温水浴继续回流 0.5 h，使镁屑作用完全。再滴入 9 g 二苯甲酮与 25 mL 乙醚的混合液，温水回流 0.5 h。

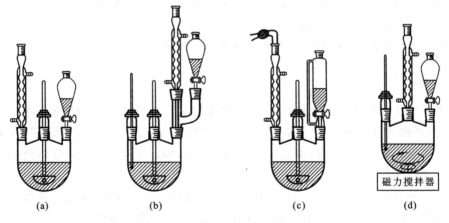

图 5-2-3 搅拌回流装置

2. 粗三苯甲醇的制备

在搅拌下由恒压滴液漏斗滴加 40 mL 氯化铵饱和溶液分解加成产物，蒸去乙醚（乙醚要回收），然后进行水蒸气蒸馏除去未反应的溴苯，冷却，加入石油醚(90～120 ℃)搅拌数分钟，抽滤，干燥。

3. 粗产品的纯化

用乙醇-水重结晶,得到纯净的三苯甲醇晶体,产量 4～5 g,熔点为 162.5 ℃。

实验注意事项

(1) 本实验所有仪器及试剂必须充分干燥。

(2) 镁屑不宜采用长期放置的。如长期放置,镁屑表面常有一层氧化膜,可采用下面方法除去:用 5%盐酸溶液作用数分钟,抽滤除去酸液后,依次用水、乙醇、乙醚洗涤,抽干后置于干燥器内备用。

(3) 滴加饱和氯化铵溶液是使加成物水解成三苯甲醇。与此同时生成的氢氧化镁在此可以转变为可溶性的氯化镁。如仍见有絮状的氢氧化镁未全溶,则可加入几毫升稀盐酸促使其全部溶解。

(4) 副产物易溶于石油醚中而被除去。

思考题

(1) 本实验中溴苯-乙醚混合液加入得太快或一次性加入,有什么不好?

(2) 实验时如果反应溶液中有乙醇,对反应有何影响?

实验十一　苯乙酮的制备

实验目的

(1) 学习 Friedel-Crafts 酰基化反应制备芳酮的原理和方法。

(2) 掌握减压蒸馏的操作。

(3) 巩固萃取、无水操作、带气体吸收装置的回流操作。

实验原理

芳香族化合物在 Lewis 酸催化下,与卤代烷或酰卤、酸酐等反应生成烷基苯和酰基苯,前者称为傅氏烷基化反应,后者称为傅氏酰基化反应。常用催化剂为无水 $AlCl_3$,其他如 $ZnCl_2$、$FeCl_3$、BF_3、质子酸 HF 和 H_2SO_4 等针对不同的反应对象也有类似的催化活性。

常用的酰化剂是酰氯和酸酐。本实验使用乙酸酐为酰化剂,虽然乙酸酐的酰化能力较弱,但是较便宜。在无水 $AlCl_3$ 存在下,乙酸酐使苯乙酰化生成苯乙酮。

反应式:

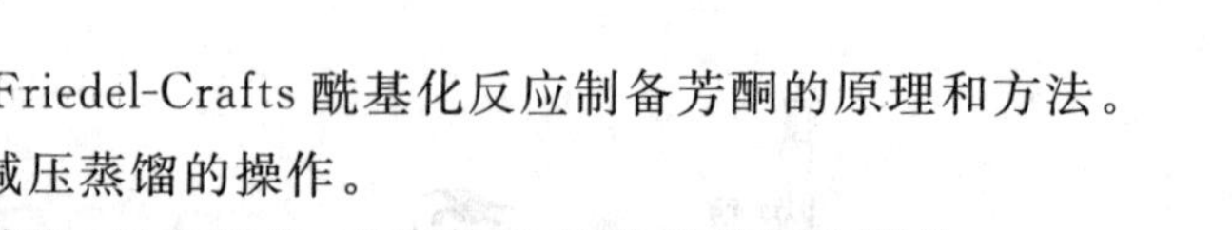

反应历程:

$$(RCO)_2O + 2AlCl_3 \rightleftharpoons [RCO]^+[AlCl_4]^- + RCO_2AlCl_2 \rightleftharpoons \overset{+}{RCO} + [AlCl_4]^-$$

$$[AlCl_4]^- + H^+ \longrightarrow AlCl_3 + HCl$$

无水 $AlCl_3$ 的作用是促使其产生亲电试剂 R^+ 或酰基阳离子 $R—\overset{+}{C}=O$。烷基化反应只需催化量的 $AlCl_3$,而用酰氯制备芳酮时,因 $AlCl_3$ 与反应中生成的芳酮形成配合物,1 mol 反应物需 1.1 mol 的 $AlCl_3$,当使用酸酐时,由于生成的羧酸也能与 $AlCl_3$ 生成配合物,故 1 mol 反应物需 2.1 mol 的 $AlCl_3$。由于 $AlCl_3$ 遇水或潮气会分解失效,故反应时所用的仪器和试剂都应是干燥和无水的。注意 $AlCl_3$ 的研细、称量、投料都要迅速。苯要经处理,需无水、无噻吩,因噻吩易产生树脂状物质。乙酸酐使用前需重新蒸馏,因久置后易吸收空气中的水分分解。

反应放热,常将酰化试剂与溶剂混合,慢慢滴入盛有芳烃的反应瓶中。反应有一个诱导期,注意温度的变化。反应放出 HCl 气体,需装一气体吸收装置。

实验试剂

无水苯(18 mL);乙酸酐(4 mL);无水 $AlCl_3$(20 g,0.15 mol);浓盐酸;苯;氢氧化钠溶液(5%);无水硫酸镁。

实验步骤

1. 安装装置

在 100 mL 三颈烧瓶中分别装置冷凝管和恒压滴液漏斗,冷凝管上端装一氯化钙干燥管(参照实验十的图 5-2-3(c)),干燥管再与氯化氢吸收装置相连。

2. 投料

迅速称取 10 g 已研细的无水 $AlCl_3$,加入三颈烧瓶中,再加入 15 mL 无水苯,塞住另一瓶口。恒压滴液漏斗中加入 4 mL 乙酸酐及 3 mL 无水苯。

3. 反应

自恒压滴液漏斗中先滴入几滴乙酸酐-苯溶液,待反应开始后,再继续慢慢滴加,控制滴加速度勿使反应过于剧烈,以三颈烧瓶稍热为宜。边滴加边搅拌,约 10 min 滴加完毕。加完后,在沸水浴上回流 30 min,直至不再有氯化氢气体逸出,将反应物冷至室温,在搅拌下倒入盛有 25 mL 浓盐酸和 30 g 碎冰的烧杯中进行分解(在通风橱进行)。分解后仍有固体不溶物 $Al(OH)_3$,可加入少量 HCl 使之溶解。

4. 纯化

将混合物转入分液漏斗中,分出有机层,水层用苯(每次 10 mL)萃取 2 次,合并有机层和苯萃取液,依次用等体积的 5% 氢氧化钠溶液和水洗涤一次,用 2.5 g 无水硫酸镁干燥。将干燥后的粗产物滤入克氏蒸馏瓶,减压蒸馏,先在水浴上蒸去苯,再在石棉网上直接加热,收集馏分,产量 2.5~3 g。

纯苯乙酮为无色油状液体,沸点为 202 ℃,折射率为 1.537 2。

苯乙酮在不同压力下的沸点如表 5-2-5 所示。

表 5-2-5　苯乙酮在不同压力下的沸点

压力/mmHg	4	5	6	7	8	9	10	25
沸点/℃	60	64	68	71	73	76	78	98
压力/mmHg	30	40	50	60	100	150	200	
沸点/℃	102	109.4	115.5	120	133.6	146	155	

实验注意事项

(1) 反应所用仪器及试剂都要干燥处理,要注意保证每一个环节都要干燥无水。先安装好装置,再去取试剂。

(2) 加入无水 $AlCl_3$ 时,最好用纸做一个漏斗。因其沾在瓶口上会使烧瓶密封不严,导致反应中漏气。

(3) 反应有一个诱导期,要防止加入的乙酸酐没有反应,积累过多,一旦发生反应,就会失去控制。

(4) 控制滴加速度。若反应过于剧烈,可用冷水浴冷却。

(5) 由于最终产物不多,宜选用较小的蒸馏瓶,苯溶液可用分液漏斗分批加入,使用克氏蒸馏头。

(6) 本实验使用的无水 $AlCl_3$ 应该呈小颗粒或粗粉状,暴露于空气中立刻冒烟,滴少许水于其上则嘶嘶作响。称取和加入无水 $AlCl_3$ 时,均应迅速操作,取用 $AlCl_3$ 后,应立即将原试剂瓶塞好。

(7) 化学纯苯经无水氯化钙干燥过夜后才能使用。

(8) 所用乙酸酐必须在临用前重新蒸馏,取 137~140 ℃ 的馏分使用。

(9) 加酸使苯乙酮析出,其反应式为

思考题

(1) 水和潮气对本实验有何影响?

(2) 在烷基化和酰基化反应中,无水 $AlCl_3$ 的用量有何不同?

实验十二　对氨基苯磺酰胺的制备

实验目的

（1）学习多步骤有机合成，从简单易得的原料合成有用的药物或中间体，培养学生良好的实验技能。

（2）通过对氨基苯磺酰胺的制备，掌握酰氯的氨解和乙酰基衍生物的水解。

（3）巩固回流、脱色、重结晶等基本操作。

实验原理

磺胺药物的一般结构为

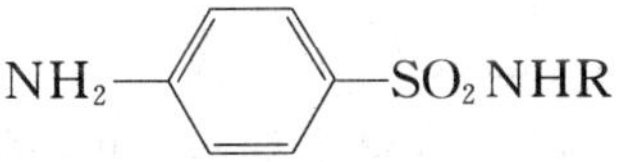

$$NH_2-\overset{}{\underset{}{\bigcirc}}-SO_2NHR$$

磺胺药物是含磺胺基团合成药物的总称，能抑制多种细菌和少数病毒的生长和繁殖，用于防治多种病菌感染。由于磺胺基上氮原子的取代基不同而形成不同的磺胺药物。

在多步有机合成中，有的中间体必须分离提纯，有的也可以不经提纯，直接用于下一步合成，这要根据对每步反应的深入理解和实际需要，适当地做出选择。

乙酰化反应：保护芳环上的氨基，使其不被反应试剂破坏，定位效应不变，芳环活性降低，且由于空间效应，可减少多元取代产物的产生而只生成一元取代产物。

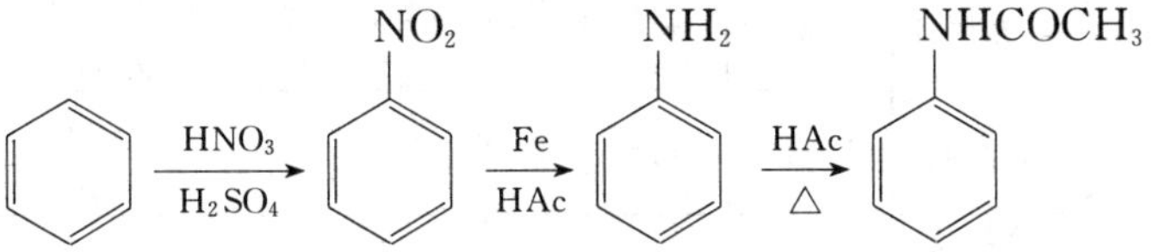

氯磺化反应：反应分两步进行（不超过 65 ℃）。

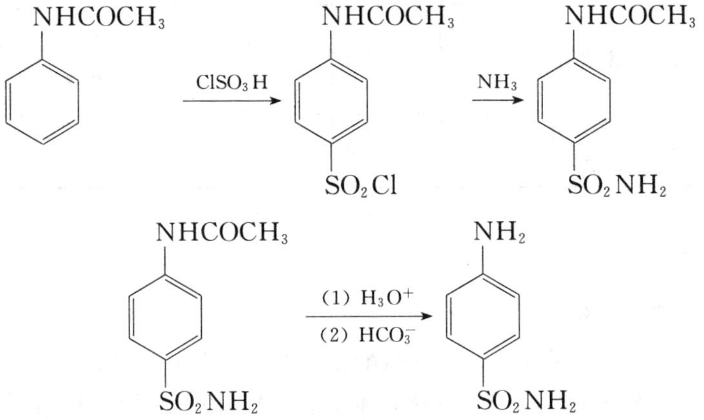

反应后一阶段需温度较高,产物不稳定,遇水缓慢分解。在酸、碱和较高温度时,均可加速水解。

在氯磺化之前应对氨基进行保护,否则,氨基质子化后会成为间位定位基。

磺胺的生成:中间体磺酰氯与 NH_3 反应后转化为酰胺,过量的氨则被反应中生成的 HCl 中和。唯一的副反应是磺酰氯在水存在下水解生成磺酸。接下来的一步是乙酰保护基的酸催化水解,产生质子化的氨基。注意分子中存在的两个酰胺键中,只有羧酸酰胺键断裂,磺酸酰胺(磺酰胺)不断裂,由此生成的磺胺盐在加入碱时变成磺胺。

实验仪器及试剂

锥形瓶;石棉网;导气管;塞子;烧杯;圆底烧瓶;布氏漏斗。

乙酰苯胺(5 g,0.037 mol);乙酸酐(22.5 g,7.3 mL,0.19 mol);氯磺酸(22.125 g,12.5 mL,0.136 mol,$\rho = 1.77$);浓氨水(17.5 mL,28%,$\rho = 0.9$);浓盐酸;碳酸钠;冰;活性炭。

主要试剂及产物的物理常数如表 5-2-6 所示。

表 5-2-6 主要试剂及产物的物理常数

化合物	相对分子质量	性状	相对密度	熔点/℃	沸点/℃	折射率	溶解度/(g/100 g 溶剂)		
							水	醇	醚
苯胺	93.13	无色液体	1.021 73	−6.3	184.13	1.586 3	3.6	∞	∞
乙酸酐	102.09	无色液体	1.082 0	−73.1	140.0	1.390 06	12(冷水),分解	可溶,分解	∞
乙酰苯胺	135.17	斜方晶	1.219	114.3	304		0.530 3.580	212 0 466 0	725
对乙酰氨基苯磺酰氯	233.69	颗粒状白色固体		149			分解	易溶	易溶
对乙酰氨基苯磺酰胺	214.25	针状物		219~220			溶于热水	溶于热醇	溶于热丙酮
对氨基苯磺酰胺	172.22	无色叶片状晶体	1.08	165~166			0.8(冷),可溶于热水	3(冷)	可溶

实验步骤

1. 乙酰苯胺的制备

在 500 mL 烧杯中,溶解 5 mL 浓盐酸于 120 mL 水中,在搅拌下加入 5.5 mL 苯胺(若有不溶的油状液体硝基苯,用分液漏斗除去)。待苯胺溶解后,再加入少量活性炭(约 1 g,视溶液颜色而定),将溶液煮沸 5 min,趁热滤去活性炭及其他不溶性杂质。将滤液转移到 500 mL 锥形瓶中,冷却至 50 ℃,加入 7.3 mL 乙酸酐,振摇使其溶解后,立即加入事先配制好的乙酸钠溶液(9 g 结晶乙酸钠溶于 20 mL 水中),充分搅拌。然后将混合物置于冰浴中冷却,使其析出结晶。减压过滤,用少量冷水洗涤,干燥后称重,产量 5～6 g。用此法制备的乙酰苯胺已足够纯净,可直接用于下一步合成,如需进一步提纯,可用水进行重结晶。

注意:实验关键是温度控制在 50 ℃,在加入乙酸酐的同时加入乙酸钠,并充分搅拌。

温度升高,苯胺易氧化,加入乙酸钠调节酸度,使生成的苯胺盐酸盐中的苯胺游离出来。

2. 对乙酰氨基苯磺酰氯的制备

在 100 mL 干燥的锥形瓶中,加入 5 g 干燥的乙酰苯胺,在石棉网上用小火加热熔化。瓶壁上若有少量水汽凝结,应用干净的滤纸吸去。冷却使熔化物凝结成块,将锥形瓶置于冰浴中冷却后,迅速倒入 12.5 mL 氯磺酸,立即塞上带有氯化氢导气管的塞子。反应若过于剧烈,可用冰水浴冷却,待反应缓和后,旋摇锥形瓶使固体全溶,然后再在温水浴(60～70 ℃)中加热 10 min 使反应完全(至无氯化氢气体产生为止)。将反应瓶在冰水浴中充分冷却后,于通风橱中在充分搅拌下,将反应液慢慢倒入盛有 75 g 碎冰的烧杯中,用少量冷水洗涤反应瓶,洗涤液倒入烧杯中,搅拌数分钟,并尽量将大块固体粉碎,使成为颗粒小而均匀的白色(或红色)固体。抽滤收集,用少量冷水洗涤,压干,立即进行下一步反应。

3. 对乙酰氨基苯磺酰胺的制备

将上述粗产物移入烧杯中,在不断搅拌下慢慢加入 17.5 mL 浓氨水(在通风橱内),立即发生放热反应并产生白色糊状物。加完后,继续搅拌 15 min,使反应完全,然后加入 10 mL 水在石棉网上用小火加热 10 min,并不断搅拌,以除去多余的氨,得到的混合物可直接用于下一步合成。

4. 对氨基苯磺酰胺的制备

将上述粗产物放入圆底烧瓶中,加入 3.5 mL 浓盐酸,在石棉网上用小火加热回流 0.5 h。冷却后,得几乎澄清的溶液,若有固体析出,应继续加热,使反应完全。如溶液呈黄色,并有极少量固体存在时,需加入少量活性炭煮沸 10 min 过滤,将滤液转入大烧杯中,在搅拌下小心加入粉状碳酸钠(约 4 g)至溶液呈碱性。在冷水浴中冷却,抽滤收集固体,用少量冰水洗涤,压干。粗产物用水(每克产物约需 12 mL 水)重结晶,产量 3～4 g。

实验注意事项

(1) 氯磺酸对皮肤和衣服有强烈的腐蚀性,暴露在空气中会冒出大量氯化氢气体,遇水会发生猛烈的放热反应,甚至爆炸,故取用时需小心。反应中所有仪器及试剂需完全干燥,含有氯磺酸的废液不可倒入水槽,而应倒入废物缸中。工业氯磺酸常呈棕黑色,使用前宜用磨口仪器蒸馏纯化,收集 148～150 ℃的馏分。

(2) 氯磺酸与乙酰苯胺的反应相当剧烈,将乙酰苯胺凝结成块状,可使反应缓和进行,当反应过于剧烈时,应适当冷却。

(3) 在氯磺化过程中,将有大量氯化氢气体放出。为避免室内空气污染,装置应严密,导气管的末端与接收器内的水面接近,但不能插入水中,否则可能倒吸而引起严重事故。

(4) 氯磺化以后的混合物倒入碎冰中时,加入速度必须缓慢,并需充分搅拌,以免局部过热而使对乙酰氨基苯磺酰氯水解。这是实验成功的关键。

(5) 尽量洗去固体所夹杂和吸附的盐酸,否则产物在酸性介质中放置过久,会很快水解,因此在洗涤后,应尽量压干,且在 1～2 h 内将它转变为磺胺类化合物。

(6) 为了节省时间,对乙酰氨基苯磺酰胺的粗产物可不必分出。若要得到产品,可在冰水浴中冷却,抽滤,用冰水洗涤,干燥即得。粗品用水重结晶,结晶熔点为219～220 ℃。

(7) 对乙酰氨基苯磺酰胺在稀酸中水解成磺胺,后者又与过量的盐酸形成水溶性的盐酸盐,所以水解完成后,反应液冷却时应无晶体析出。由于水解前溶液中氨的含量不同,加 3.5 mL 盐酸有时不够,因此,在回流至固体全部消失前,应测一下溶液的酸碱性,若酸性不够,应补加盐酸继续回流一段时间。

(8) 用碳酸钠中和滤液中的盐酸时,有二氧化碳伴随产生,故应控制加入速度并不断搅拌使其逸出。

(9) 磺胺是两性化合物,在过量的碱溶液中也易变成盐类而溶解。故中和操作必须仔细进行,以免降低产量。

(10) 氯磺化反应初期应控制温度在 15 ℃以下,否则发生副反应,生成二取代产物或生成的产物进一步与氯磺酸反应。加冰水的目的是除去未反应的氯磺酸及生成的 H_2SO_4 等。

(11) 对乙酰氨基苯磺酰胺粗品中含游离酸根,所以氨水要过量。对乙酰氨基苯磺酰胺可溶于过量的浓氨水中,若冷却后结晶析出不多,可加入稀 H_2SO_4 至刚果红试纸变色,则对乙酰氨基苯磺酰胺几乎全部沉淀出。

思考题

(1) 使用氯磺酸时应注意什么?

(2) 为什么苯胺要乙酰化之后再氯磺化? 可以直接磺化吗?

实验十三　8-羟基喹啉的制备

实验目的

(1) 学习应用 Skraup 反应合成 8-羟基喹啉的原理和方法。

（2）巩固回流加热和水蒸气蒸馏等基本操作。

实验原理

喹啉及其衍生物可按 Skraup 反应由苯胺或其衍生物与无水甘油、浓硫酸及弱氧化剂如硝基苯（或与苯胺衍生物相对应的硝基化合物）等一起加热而制得。为避免氧化反应过于剧烈，常加入少量的硫酸亚铁或硼酸。

本实验是以邻氨基苯酚、无水甘油和浓硫酸为原料合成 8-羟基喹啉。浓硫酸的作用是使甘油脱水生成丙烯醛，并使邻氨基苯酚与丙烯醛的加成物脱水成环。邻硝基苯酚为弱氧化剂，能将成环产物 8-羟基-1,2-二氢喹啉氧化成 8-羟基喹啉，邻硝基苯酚本身还原成邻氨基苯酚，也可参与缩合反应。

反应的可能过程为

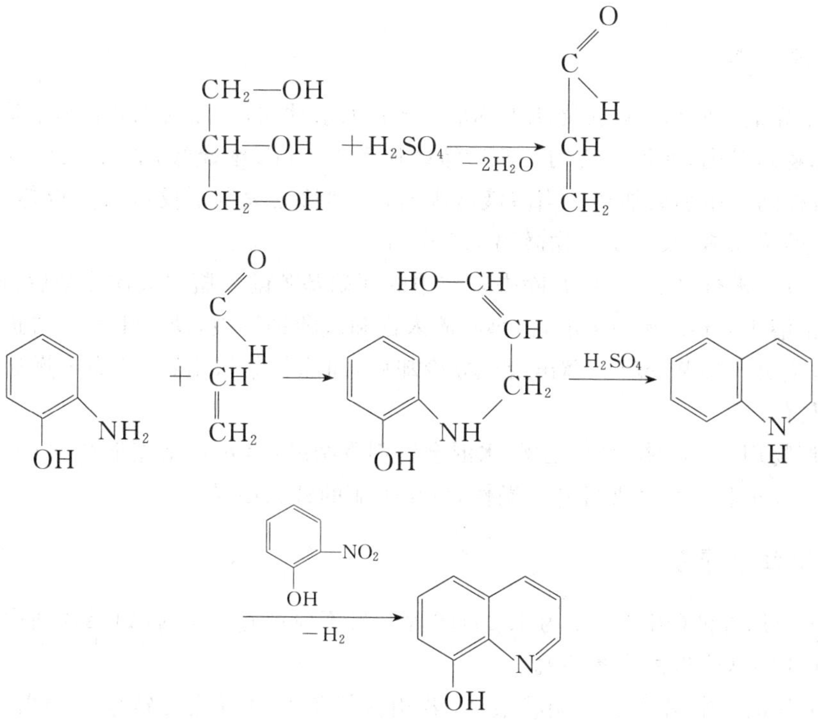

实验试剂

无水甘油（9.5 g，7.5 mL，0.1 mol）；邻氨基苯酚（2.8 g，0.025mol）；邻硝基苯酚（1.8 g，0.013 mol）；浓硫酸（4.5 mL）；氢氧化钠；乙醇。

主要试剂及产物的物理常数如表 5-2-7 所示。

表 5-2-7　主要试剂及产物的物理常数

化合物	相对分子质量	性状	相对密度	熔点/℃	沸点/℃	折射率	溶解度/(g/100 g 溶剂)		
							水	醇	醚
甘油	92.11	无色黏稠液体	1.261 3	20	290	1.474 6	混溶	混溶	微溶
邻氨基苯酚	109.13	无色或白色针状物	1.328	174	153	—	1.7	4.3	可溶
邻硝基苯酚	139.11	淡黄色单斜晶	1.294 2	45.3~45.7	216	1.572 3	0.21	易溶(热)	易溶
8-羟基喹啉	145.16	白色针状结晶	1.034	75~6	266.6	—	未溶	易溶	未溶

实验步骤

在干燥的 100 mL 圆底烧瓶中称取 9.5 g 无水甘油,并加入 1.8 g 邻硝基苯酚和 2.8 g 邻氨基苯酚,使混合均匀。然后缓缓加入 4.5 mL 浓硫酸,摇匀,装上球形冷凝管,在石棉网上用小火加热。当溶液微沸时,立即移去火源。反应大量放热,待作用缓和后,继续加热,保持反应物微沸 1.5~2 h。

稍冷后,进行水蒸气蒸馏,除去未作用的邻硝基苯酚。瓶内液体冷却后,加入 6 g 氢氧化钠溶于 6 mL 水的溶液,再小心滴入饱和碳酸钠溶液,使呈中性。再进行水蒸气蒸馏,蒸出 8-羟基喹啉。馏出液充分冷却后,抽滤收集析出物,洗涤干燥后得粗产物 5 g 左右。

粗产物用 4∶1(体积比)乙醇-水混合溶剂重结晶,得 8-羟基喹啉 2~2.5 g。

取 0.5 g 上述产物进行升华操作,可得美丽的针状结晶。

实验注意事项

(1) 所用甘油(相对密度为 1.26)的含水量不应超过 0.5%,如果甘油中含水量较大,则 8-羟基喹啉的产量不高。

(2) 甘油在常温下是黏稠状液体,若用量筒量取时应注意转移中的损失,可称质量。

(3) 内容物未加浓硫酸时,十分黏稠,难以摇动,加入浓硫酸后,黏度大为减小。

(4) 此反应为放热反应,溶液呈微沸时,表明反应已经开始,如继续加热,则反应过于剧烈,会使溶液冲出容器。

(5) 8-羟基喹啉既溶于酸又溶于碱而成盐,成盐后不被水蒸气蒸出,故必须小心中和,控制 pH 值在 7~8 之间,中和恰当时,瓶内析出沉淀最多。

(6) 为确保产物蒸出,在水蒸气蒸馏后,对残液 pH 值再进行一次检查,必要时再进行水蒸气蒸馏。

(7) 产率以邻氨基苯酚计算,不考虑邻硝基苯酚部分转化后参与反应的量。

思考题

(1) 为什么第一次水蒸气蒸馏在酸性下进行,而第二次又要在中性下进行?

(2) 具有什么条件的固体有机物才能用升华法提纯?

实验十四 甲基橙的制备

Ⅰ 常温制备甲基橙

实验目的

(1) 通过甲基橙的制备掌握重氮化反应和耦合反应的实验操作。

(2) 巩固盐析和重结晶提纯固体物质的原理和操作。

实验原理

甲基橙是酸碱指示剂,其化学名称是 4-二甲氨基偶氮苯-4′-磺酸钠。它是由对氨基苯磺酸盐与 N,N-二甲基苯胺的醋酸盐在弱酸性介质中耦合得到的。首先得到的是嫩黄色的酸式甲基橙,称为酸性黄,在碱中酸性黄转变为橙黄色的钠盐,即甲基橙。

甲基橙的传统制备是分两步完成的。首先在低温下,强酸性溶液中对氨基苯磺酸与亚硝酸反应得重氮盐(重氮化反应),然后是重氮盐与 N,N-二甲基苯胺耦合得到产物(耦联反应)。此法操作复杂,反应条件不易控制,强酸性环境不利于耦联反应的进行,使耦联反应很慢,并且粗产品易变质。

本实验对传统的合成甲基橙的方法进行了改进,在常温中性溶液中,一步合成了甲基橙。反应条件温和,操作简单,效果好,产量高。

其反应式可表示为

$$NH_2-\!\!\!\bigcirc\!\!\!-SO_3H + NaOH \longrightarrow NH_2-\!\!\!\bigcirc\!\!\!-SO_3Na + H_2O$$

$$NH_2-\!\!\!\bigcirc\!\!\!-SO_3Na \xrightarrow[HCl]{NaNO_2} \left[HO_3S-\!\!\!\bigcirc\!\!\!-\overset{+}{N}\!\!=\!\!N\right]Cl^- \xrightarrow[HAc]{C_6H_5N(CH_3)_2}$$

$$\left[HO_3S-\!\!\!\bigcirc\!\!\!-N\!\!=\!\!N-\!\!\!\bigcirc\!\!\!-\underset{H}{\overset{+}{N}}(CH_3)_2\right] Ac^- \xrightarrow{NaOH}$$

$$NaO_3S-\!\!\!\bigcirc\!\!\!-N\!\!=\!\!N-\!\!\!\bigcirc\!\!\!-N(CH_3)_2 + NaAc + H_2O$$

实验仪器、试剂及材料

电磁搅拌器;滴液漏斗;烧杯;三角烧瓶。

亚硝酸钠(0.75 g);无水乙醇(15 mL);N,N-二甲基苯胺(1.2 g);对氨基苯磺酸(1.73 g);氢氧化钠溶液(10%);氯化钠固体;饱和食盐水;尿素;乙醇;乙醚。

淀粉-碘化钾试纸。

实验步骤

1. 亚硝酸钠和 N,N-二甲基苯胺的混合溶液的配制

称取 0.75 g 亚硝酸钠,于 100 mL 烧杯中用 5 mL 水使之溶解,再加 15 mL 无水乙醇,搅拌均匀。取 1.2 g N,N-二甲基苯胺溶于上述溶液中,搅匀后,把混合物转移到滴液漏斗中。

2. 甲基橙粗产品的制备

在 150 mL 的烧杯中加入 1.73 g 对氨基苯磺酸,再加 80 mL 水,加热使对氨基苯磺酸溶解,在电磁搅拌下冷却,待开始析出对氨基苯磺酸的晶体时,立即由滴液漏斗中慢慢滴加亚硝酸钠和 N,N-二甲基苯胺的混合溶液,反应立即开始。控制滴加速度,使混合溶液在 0.5 h 左右滴加完全。加完后继续搅拌半小时,得到红色的酸性黄沉淀,以淀粉-碘化钾试纸检验。

在搅拌下,慢慢加入 5 mL 10%氢氧化钠溶液于反应混合物中,将混合物加热至沸,使粒状的甲基橙溶解。停止加热,在反应混合物中加入研细的氯化钠,直到氯化钠不再溶解为止。静置,让混合物冷至室温,再置于冰水浴中冷却,使甲基橙全部结晶析出,抽滤,用 10 mL 饱和食盐水洗涤结晶。

3. 粗制甲基橙的重结晶

将粗产品用 70 mL 沸水进行重结晶,抽滤时用少量的乙醇和乙醚洗涤产品,最后将其在 50 ℃下烘干得到橙红色的甲基橙。

实验注意事项

(1) 混合溶液滴加速度对反应有较大的影响。若滴加速度太快,由于反应是放热反应,放出的热量使反应系统的温度升高,加速重氮离子的分解,从而大大降低产率。若滴加速度太慢就会析出大量的对氨基苯磺酸,对反应也不利。因为对氨基苯磺酸是两性化合物,酸性比碱性强,以酸性内盐存在,而酸性内盐的水溶性较小。

(2) 甲基橙在水中有一定的溶解度,加入氯化钠的目的是进行盐析。

(3) 用乙醇、乙醚洗涤的目的是加速产品的干燥。

(4) 在第一步加无水乙醇的目的是溶解 N,N-二甲基苯胺,使系统成为均相。

(5) 溶液的酸性太强(pH<5)则耦联反应就很慢,所以以中性条件加以改进。

（6）用淀粉-碘化钾试纸检验,若试纸显蓝色表明亚硝酸过量,析出的碘遇淀粉变蓝色。这时应加入少量的尿素除去过多的亚硝酸。因为亚硝酸能引起氧化和亚硝化作用,亚硝酸的过量会引起一系列的副反应。

（7）粗品呈碱性,温度稍高易使产物变质,颜色变深,湿的甲基橙受日光照射也会颜色变深,通常在 50 ℃ 左右烘干后储存。

Ⅱ　低温制备甲基橙

实验目的

（1）学习重氮化反应、耦联反应的原理及反应条件。
（2）初步掌握低温操作,巩固重结晶操作。

实验原理

芳香族伯胺在强酸性介质中与亚硝酸作用,生成重氮盐的反应称为重氮化反应。重氮盐的产率差不多是定量的,由于大多数重氮盐很不稳定,室温即会分解放出氮气,故必须严格控制反应温度,且不宜长期存放。大多数重氮盐在干燥的固态时受热或震动能发生爆炸,所以通常不需分离,而是将得到的水溶液直接用于下一步合成。

重氮化反应中,酸的用量一般为 2.5～3 mol,1 mol 酸与亚硝酸盐反应产生亚硝酸,1 mol 酸生成重氮盐,余下的酸是为了维持溶液一定的酸度,防止重氮盐与未起反应的芳胺发生耦联。

耦联反应速率受溶液 pH 值影响颇大,重氮盐与芳胺耦联时,在高 pH 值介质中,重氮盐易变成重氮酸盐;而在低 pH 值介质中,游离芳胺则容易转变为铵盐,两者都会降低反应物浓度。只有溶液的 pH 值在某一范围内,使两种反应物都有足够的浓度时,才能有效地发生耦联反应。胺的耦联通常在中性或弱酸性介质(pH＝4～7)中进行,通过加入缓冲剂乙酸钠来加以调节,芳胺在此酸度不会变成铵盐。酚的耦联与胺相似,为了使酚成为更活泼的酚氧基负离子与重氮盐发生耦联,反应需在中性或弱碱性介质(pH＝7～9)中进行。

实验及材料试剂

对氨基苯磺酸晶体(2.1 g;0.02 mol);亚硝酸钠(0.8 g,0.11 mol);N,N-二甲基苯胺(1.2 g,约 1.3 mL;0.01 mol);盐酸;氢氧化钠;乙醇;乙醚;冰乙酸。

淀粉-碘化钾试纸。

主要试剂及产物的物理常数如表 5-2-8 所示。

表 5-2-8　主要试剂及产物的物理常数

化合物	相对分子质量	性状	熔点/℃	沸点/℃	相对密度	折射率	溶解度 /(g/100 g 溶剂)		
							水	醇	醚
对氨基苯磺酸	173.19	无色或白色晶体	288	—	1.485	—	0.8	微溶	微溶
N,N-二甲基苯胺	121.18	淡黄色液体	2.45	194.15	0.955 7	1.558 2	微溶	可溶	可溶
甲基橙	327.34	橙色叶片状晶体	>300 分解	—	—	—	0.2	微溶	不溶

实验步骤

1. 重氮盐的制备

在烧杯中放置 10 mL 5% 氢氧化钠溶液及 2.1 g 对氨基苯磺酸晶体,温热使其溶解。另溶 0.8 g 亚硝酸钠于 6 mL 水中,加入上述烧杯内,用冰盐浴冷至 0~5 ℃。在不断搅拌下,将 3 mL 浓盐酸与 10 mL 水配成的溶液缓缓滴加到上述溶液中,并控制温度在 5 ℃以下。滴加完后用淀粉-碘化钾试纸检验,然后在冰盐浴中放置 15 min以保证反应完全。

2. 耦联

在试管内混合 1.2 g N,N-二甲基苯胺和 1 mL 冰乙酸,在不断搅拌下,将此溶液慢慢加到上述冷却的重氮盐溶液中。加完后,继续搅拌 10 min,然后慢慢加入 25 mL5% 氢氧化钠溶液,直至反应物变为橙色,这时反应液呈碱性,粗制的甲基橙呈细粒状沉淀析出。将反应物在沸水浴上加热 5 min,冷至室温后,再在冰水浴中冷却,使甲基橙晶体析出完全。抽滤收集结晶,依次用少量水、乙醇、乙醚洗涤、压干。

若要得到较纯的产品,可用溶有少量氢氧化钠(0.1~0.2 g)的沸水(每克粗产物约需 25 mL)进行重结晶,待结晶析出完全后,抽滤收集,沉淀依次用少量乙醇、乙醚洗涤。得到橙色的叶片状甲基橙结晶,产量 2.5 g。

溶解少许甲基橙于水中,加几滴稀盐酸溶液,接着用稀的氢氧化钠溶液中和,观察颜色变化。

实验注意事项

(1) 重氮盐的制备要严格控制反应温度且不能长期存放。重氮盐易分解,干燥时易爆炸。

(2) 此反应的关键是控制温度及反应的酸度,且反应过程中要不断搅拌。

(3) N,N-二甲基苯胺有毒,不要吸入其蒸气或接触皮肤。

(4) 若淀粉-碘化钾试纸不显蓝色,则需补充亚硝酸钠。若亚硝酸钠过量,则多余的亚硝酸会使重氮盐氧化,两者都使产率降低。

(5) 对氨基苯磺酸是两性化合物,酸性比碱性强,以酸性内盐存在。它只能与碱作用成盐而溶于水。重氮化反应需在强酸性介质中进行,在加酸时,对氨基苯磺酸以细小的颗粒沉淀出来,表面积较大,与亚硝酸充分反应生成重氮盐。

(6) 重结晶时,如果没有不溶性杂质,可以不进行热过滤。冷却时,要让其自然冷却至室温,再用冰水冷却。

思考题

(1) 什么叫做耦联反应? 试讨论一下耦联反应的条件。

(2) 制备重氮盐时为什么要把对氨基苯磺酸变成钠盐? 本实验如改成先将对氨基苯磺酸与盐酸混合,再滴加亚硝酸钠溶液进行重氮化反应,可以吗? 为什么?

(3) 重氮化反应为什么要在低温下进行?

实验十五　肉桂酸的制备

实验目的

(1) 了解肉桂酸的制备原理与方法。

(2) 掌握回流、水蒸气蒸馏等操作。

实验原理

芳醛与酸酐在相应的羧酸钠或钾盐的存在下加热发生的缩合反应称为 Perkin 反应。Perkin 反应在一般条件下,是酸酐而不是酸盐和醛发生加成作用。这是由于酸酐的 α-H 比酸盐的 α-H 容易被碱除去,而形成碳负离子。利用 Perkin 反应,将芳醛与酸酐混合后在相应的羧酸盐存在下加热,可以制得 α,β-不饱和芳香酸。例如:

本实验按照 Kalnin 所提出的方法,用碳酸钾代替 Perkin 反应中的乙酸钾,反应时间短,产率高。

实验仪器、试剂及材料

圆底烧瓶(250 mL);水蒸气发生器;螺旋夹;T 形管;玻管;抽滤瓶;布氏漏斗;滤纸;烧杯;直形冷凝管;蒸馏头;尾接管;锥形瓶。

苯甲醛(新蒸)(5.3 g,5 mL,0.05 mol);乙酸酐(新蒸)(15 g,14 mL,0.145

mol);无水碳酸钾(7 g);氢氧化钠(10%);浓盐酸;活性炭。

刚果红试纸。

实验步骤

1. 肉桂酸粗产品的制备

在 250 mL 圆底烧瓶中,混合研细的 7 g 无水碳酸钾、5 mL 新蒸的苯甲醛和 14 mL 新蒸的乙酸酐,将混合物在石棉网上加热回流 45 min,由于有二氧化碳放出,初期有泡沫产生。待反应物冷却后,加入 40 mL 水,将瓶内生成的固体尽量捣碎(小心!),用水蒸气蒸馏蒸出未反应完的苯甲醛,直至无油状物蒸出为止。

2. 肉桂酸盐粗品的生成

将烧瓶冷却后,加入 40 mL 10%氢氧化钠水溶液,以保证所有的肉桂酸形成钠盐而溶解。

3. 肉桂酸的生成和重结晶

在肉桂酸盐的溶液中再加入 90 mL 水,加热煮沸后加入少许活性炭脱色,趁热过滤。待滤液冷却后,在搅拌下小心加入 20 mL 浓盐酸和 20 mL 水的混合液,至溶液呈酸性(刚果红试纸变蓝)。冷却结晶,抽滤,并用少量冷水洗涤沉淀。抽干,让粗产品在空气中晾干。干燥后称重。粗产品可用热水或 3∶1 的水-乙醇重结晶。

纯肉桂酸熔点为 133 ℃。

实验注意事项

(1) 苯甲醛放置久了,由于自动氧化而生成较多量的苯甲酸,这不但影响反应的进行,而且苯甲酸混在产品中不易除去。所以本反应所需的苯甲醛要事先蒸馏,收集 170~180 ℃的馏分供使用。

(2) 乙酸酐放久了因吸潮和水解将转变为乙酸,故本实验所需的乙酸酐必须在实验前进行重新蒸馏。

(3) 肉桂酸有顺反异构体。通常制得的是其反式异构体,熔点为 135.6 ℃。

(4) 脂肪族醛不宜进行 Perkin 反应,因其副反应太多。

(5) 反应发生在酸酐的 α-H 位上,生成 α,β-不饱和芳香酸。

思考题

(1) 用丙酸酐和无水丙酸钾与苯甲醛反应,可得到什么产物?

(2) 为什么要新蒸苯甲醛? 如何蒸馏?

实验十六　7,7-二氯双环[4.1.0]庚烷的制备

实验目的

(1) 学习卡宾的反应原理及相转移催化剂的催化原理。

（2）掌握减压蒸馏的操作技能,巩固电动搅拌器的使用。

实验原理

反应式:

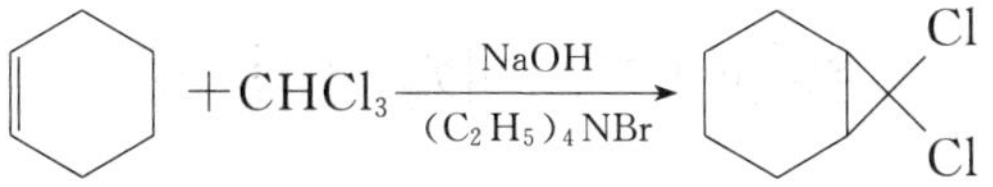

实验试剂

环己烯(10.1 mL,8.2 g,0.1 mol);氯仿(24 mL,36 g,0.3 mol);溴化四乙基铵(0.4 g);氢氧化钠;石油醚(60～90 ℃);盐酸(2 mol·L^{-1});无水硫酸镁。

实验步骤

在一个 100 mL 三颈烧瓶上,装上机械搅拌器(用甘油液封)、球形冷凝管及温度计。将 10.1 mL 新蒸的环己烯、24 mL 氯仿、0.4 g 溴化四乙基铵加入烧瓶中,开动搅拌器,在强烈搅拌下于 5 min 内从冷凝管上口分 3～4 次加入氢氧化钠溶液(16 g 氢氧化钠溶于 16 mL 水中)。10 min 内反应混合物形成乳浊液,并于 25 min 内其温度缓慢地自行上升到50～55 ℃,保持此温度 1 h。反应物颜色由灰白色变为黄棕色。在室温下继续搅拌 1 h,然后加入 40 mL 冰水。把反应混合物倒入分液漏斗中,静置分层,分离,收集下面的氯仿油层。碱性水层用 30 mL 石油醚萃取。合并石油醚萃取液和氯仿油层,用 25 mL 2 mol·L^{-1}盐酸洗涤,再用水洗涤两次,每次用水 25 mL(注意上、下层的取舍!)。油层用无水硫酸镁干燥,干燥后将其注入 100 mL 克氏蒸馏瓶中,于常压下,在水浴上加热蒸出石油醚及氯仿。然后减压蒸馏,用水浴加热,收集 79～80 ℃/2 kPa(15 mmHg)的馏分。产量约 10 g。

纯 7,7-二氯双环[4.1.0]庚烷为无色液体,沸点为 197～198 ℃。

实验注意事项

（1）应当使用无乙醇的氯仿。普通氯仿为防止分解而产生有毒的光气,一般加入少量乙醇作为稳定剂,在使用时必须除去。除去乙醇的方法是用等体积的水洗涤氯仿 2～3 次,用无水氯化钙干燥数小时后进行蒸馏。也可用 4A 分子筛浸泡过夜。

（2）也可用其他的相转移催化剂,如(C$_2$H$_5$)$_4$NCl、(C$_2$H$_5$)$_3$(C$_6$H$_5$CH$_2$)NCl 等。

（3）若反应温度不能自行上升到 50～55 ℃,可在水浴上加热反应物,维持反应温度在 55～60 ℃ 1 h。

（4）增加反应时间,可以提高产率。

思考题

(1) 相转移催化剂的原理是什么？
(2) 为什么要用无乙醇的氯仿？

实验十七　胺的鉴定

实验目的

(1) 掌握脂肪族胺和芳香族胺化学反应的异同。
(2) 用简单的化学方法区别伯胺、仲胺和叔胺。
(3) 掌握季铵盐的制法。
(4) 运用所学知识对未知物进行鉴定。

实验原理

1. Hinsberg 试验

$$
\begin{array}{c}
RNH_2 \\
\dfrac{R}{R'}NH \\
\begin{array}{c}R\\R'\\R''\end{array}N
\end{array}
\xrightarrow[\text{NaOH（过量）}]{C_6H_5SO_2Cl}
\begin{array}{c}
Na^+[RNSO_2C_6H_5]^-\ (\text{溶于 NaOH}) \\
\begin{array}{c}R\\R'\end{array}NSO_2C_6H_5\downarrow \\
\begin{array}{c}R\\R'\\R''\end{array}N\ (\text{油状})
\end{array}
\xrightarrow[\text{酸化}]{HCl}
\begin{array}{c}
RNHSO_2C_6H_5\downarrow\ (\text{白色}) \\
\text{沉淀不变} \\
\left[\begin{array}{c}R\\R'-NH\\R''\end{array}\right]^+ Cl^-\ (\text{溶于水})
\end{array}
$$

2. HNO₂ 试验

$$RNH_2 \xrightarrow{HNO_2} R-\overset{+}{N}\equiv\overset{..}{N} \longrightarrow R^+ + N_2\uparrow$$

$$\xrightarrow[-H^+]{H_2O} ROH$$

$$ArNH_2 \xrightarrow{HNO_2} Ar-\overset{+}{N}\equiv\overset{..}{N} \xrightarrow{\beta\text{-萘酚}} \text{（橙红色的染料）}$$

（橙红色的染料结构：N=N-Ar 连接萘环）

$$R_2NH \xrightarrow{HNO_2} R_2N-N=O$$
（黄色油状或固体）

鉴定叔胺一般利用它的成盐性质：

$$R_3N + CH_3I \longrightarrow [R_3N^+CH_3]I^-$$
（晶体）

（晶体）

实验步骤

1. 溶解度与碱性试验

取 3～4 滴试样，逐渐加入 1.5 mL 水，观察是否溶解。如冷水、热水中均不溶，可逐渐加入 10％硫酸使其溶解，再逐渐滴加 10％NaOH 溶液，观察现象（表 5-2-9）。

表 5-2-9　溶解度与碱性试验现象

样　品	甲胺盐酸盐	苯　　胺
现象	溶解	加入 10％硫酸：溶解 再逐渐滴加 10％NaOH 溶液：混浊

2. Hinsberg 试验

在 3 支配好塞子的试管中分别加入 0.5 mL 液体试样、2.5 mL 10％ NaOH 溶液和 0.5 mL 苯磺酰氯，塞好塞子，用力振摇 3～5 min。手触试管底部，哪支试管发热？为什么？取下塞子，振摇下在水浴中温热 1 min，冷却后用 pH 试纸检验 3 支试管内的溶液是否呈碱性，若不呈碱性，可再加几滴 NaOH 溶液。观察下述 3 种情况并判断试管内是哪一级胺（表 5-2-10）。

（1）如有沉淀析出，用水稀释并振摇后沉淀不溶解，表明为仲胺。

（2）如最初没有沉淀析出或经稀释后溶解，小心加入 6 mol·L⁻¹ 的盐酸至溶液呈酸性，此时若生成沉淀，表明为伯胺。

（3）无反应现象，溶液仍有油状物，表明为叔胺。

表 5-2-10　Hinsberg 试验现象

样品	苯　　胺	N-甲基苯胺	N,N-二甲基苯胺
现象	最初没有沉淀析出或经稀释后溶解，小心加入 6 mol·L⁻¹ 的盐酸至溶液呈酸性，此时生成沉淀	有沉淀析出，用水稀释并振摇后沉淀不溶解	无反应现象，溶液仍有油状物

3. HNO₂ 试验

在 3 支大试管中分别加入 3 滴(0.1 mL)不同试样，再各加入 2 mL 30％硫酸溶

液,混匀后在冰盐浴中冷却至 5 ℃ 以下。另取 2 支试管,分别加入 2 mL 10%
$NaNO_2$ 水溶液和 2 mL 10% NaOH 溶液(NaOH 溶液中加入 0.1 g β-萘酚),混匀后
也放在冰盐浴中冷却。

将冷却后的 $NaNO_2$ 水溶液在振摇下加入冷的胺溶液中并观察现象,在 5 ℃ 或
5 ℃ 以下时冒出气泡者为伯胺;形成黄色油状或固体者为仲胺(表 5-2-11)。

表 5-2-11　HNO₂ 试验

样品	苯胺	N-甲基苯胺	丁　　胺
现象	在水浴中温热,有气泡冒出; 滴加 β-萘酚碱溶液振荡后有红色偶氮染料	形成黄色油状或固体	冒出气泡

在 5 ℃ 时无气泡或仅有极少气泡冒出,取出一半溶液,让温度升至室温或在水浴
中温热,注意有无气泡(氮气)冒出。向剩下的一半溶液中滴加 β-萘酚碱溶液振荡后
如有红色偶氮染料沉淀析出,则表明未知物肯定为芳香族伯胺。

4. 未知物的鉴定

现有 4 瓶无标签试剂,试设计一个表格,列出可能的未知物、选用的鉴定反应和
预期出现的现象,给 4 瓶试剂分别贴上标签。

5. 衍生物的制备

(1)苯甲酰胺的制备。

在 50 mL 锥形瓶中,加入 15 mL 5% NaOH 溶液、0.5 mL (0.5 g) 胺和 1 mL
(1.2 g) 苯甲酰氯,塞好塞子,充分振摇反应混合物 2～3 min,小心打开瓶塞,释放瓶
内压力。继续振摇直至苯甲酰氯气味消失。用玻璃漏斗抽滤析出的沉淀,水洗,接着
用少量 5% 的盐酸洗,最后用乙醇或乙醇-水重结晶,干燥后测定熔点。

(2)季铵盐的制备。

在干燥的试管中混合 0.5 mL(0.5 g)胺和 0.5 mL CH_3I(沸点为 43 ℃),在手掌
中温热 5 min,塞紧试管,在冰浴中放置 10 min,然后加入 2～3 mL 无水乙醚或无水
苯,抽滤析出的晶体,并用少量溶剂洗涤,用无水甲醇或无水乙醇重结晶。季铵盐在
空气中易潮解,产品应密封保存。许多季铵盐在熔点附近发生分解。

实验注意事项

(1)苯磺酰氯水解不完全时,可与叔胺混在一起,沉于试管底部,酸化时,叔胺虽
已溶解,而苯磺酰氯仍以油状物存在,往往会得出错误的结论。为此,在酸化之前,应
在水浴上加热,使苯磺酰氯水解完全,此时叔胺全部浮在溶液上面,下部无油状物。

(2)亚硝基化合物通常有致癌作用,应避免与皮肤接触。

(3)许多脂肪族叔胺在反应介质中易生成配合物沉淀,因此,反应时间不宜太
长,只能微热。

(4)必须使用试剂级的胺,以免混入杂质,微量沉淀不应视为正反应。

(5)原料应足量,最终产物可用 95% 乙醇重结晶。

实验十八　醛和酮的鉴定

实验目的

（1）加深对醛、酮化学性质的认识。

（2）掌握鉴别醛、酮的化学方法。

（3）掌握 2,4-二硝基苯腙的制备方法。

实验原理

1. 2,4-二硝基苯肼反应

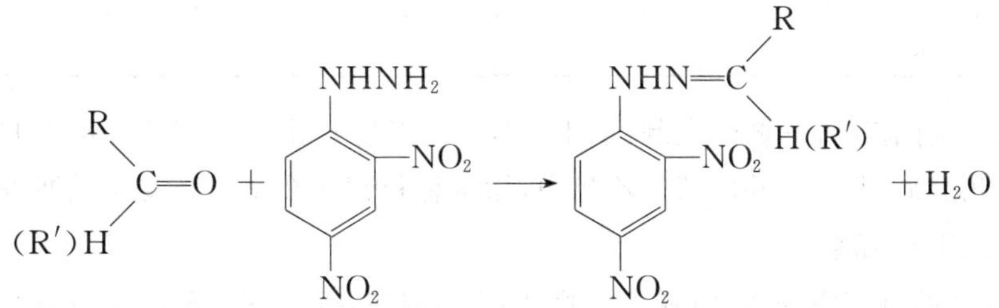

2,4-二硝基苯腙是有固定熔点的结晶，为黄色、橙色或橙红色，颜色取决于醛、酮的共轭程度，为了得到真实颜色，须将沉淀从溶液中分离，并加以洗涤。

缩醛可水解生成醛，某些烯丙醇和苄醇由于易被试剂氧化生成相应的醛、酮，某些醇含少量氧化物，均对 2,4-二硝基苯肼显正性试验。故极少量的沉淀一般不应视为正性试验。

2. 还原性

1）Tollens 试验（银镜反应）

$$RCHO+2Ag(NH_3)_2^+ OH^- \longrightarrow RCOONH_4+H_2O+3NH_3+Ag\downarrow（区别醛、酮）$$

加碱的 Tollens 试剂进行空白实验时加热到一定温度也能出现银镜，故不加碱，结果更可靠。

Fehling、Benedict 试剂更多地应用于还原糖的鉴别。

2）$H_2Cr_2O_7$ 试验

$$3RCHO+H_2Cr_2O_7+3H_2SO_4\longrightarrow 3RCOOH+Cr_2(SO_4)_3+4H_2O$$

溶液由橘黄色变为绿色。但伯醇、仲醇也可被氧化。酮不反应。

3）碘仿反应

$$RCOCH_3+3NaIO\longrightarrow RCOCI_3+3NaOH$$

$$\downarrow NaOH$$

$$RCOONa+CHI_3\downarrow$$

$$（黄色）$$

鉴别是否含 CH_3CO- 或 $CH_3-CH(OH)-$ 基团。

实验步骤

1. 2,4-二硝基苯肼试验

取 2 mL 2,4-二硝基苯肼试剂放在试管中,加入 3～4 滴试样,振荡,静置片刻,若无沉淀生成,可微热 0.5 min 再振荡,冷后有橙黄色或橙红色沉淀生成,表明样品是羰基化合物(表 5-2-12)。

表 5-2-12　2,4-二硝基苯肼试验现象

样　品	乙醛水溶液	丙　酮	苯 乙 酮
现象	+	+	+

2,4-二硝基苯肼试剂的配制:取 1 g 2,4-二硝基苯肼,加入 7.5 mL 浓 H_2SO_4,溶解后,将此溶液倒入 75 mL 95% 乙醇中,用水稀释到 250 mL,必要时过滤备用。

2. Tollens 试验

在洗净的试管中加入 2 mL 5% 的 $AgNO_3$ 溶液,振荡下逐渐滴加浓氨水,开始溶液中产生棕色沉淀,继续滴加氨水,直到沉淀恰好溶解为止(不宜多加,否则影响实验的灵敏度),得澄清透明溶液,即 Tollens 试剂。然后,向试管中加入 2 滴试样(不溶或难溶于水的试样,可加入几滴丙酮使之溶解),振荡,如无变化,可在手心或在水浴中温热,有银镜生成,表明是醛类化合物(表 5-2-13)。

表 5-2-13　Tollens 试验现象

样　品	甲醛水溶液	乙醛水溶液	丙　酮	苯 甲 醛
现象	+	+	−	+

3. $H_2Cr_2O_7$ 试验

在试管中将 1 滴液体试样(或 10 mg 固体试样)溶于 1 mL 试剂级丙酮中,加入数滴铬酸试剂,边加边摇,每次 1 滴,产生绿色沉淀,且溶液的橘黄色消失为正性试验(表 5-2-14)。

脂肪醛通常在 5 s 内显示混浊,30 s 内出现沉淀;芳香醛通常需要 0.5～2 min 或更长时间才能出现沉淀。

表 5-2-14　$H_2Cr_2O_7$ 试验现象

样　品	丁　醛	苯 甲 醛	环 己 酮
现象	+	+,2 min	−

4. 碘仿反应

在试管中加入 1 mL 水和 3～4 滴试样(不溶或难溶于水的试样,可加入几滴二氧六环使之溶解),再加入 1 mL 10% NaOH 溶液,然后滴加 I_2/KI 溶液至溶液呈浅黄色,振荡后析出黄色沉淀为正性试验。若无变化,可在水浴中温热,溶液变为无色,继续滴加 2～4 滴 I_2/KI 溶液,观察现象(表 5-2-15)。

表 5-2-15　碘仿反应现象

样　品	正丁醛	乙醛水溶液	丙酮	乙醇
现象	—	+	+	+

I_2/KI 溶液的配制:溶解 10 g I_2 和 20 g KI 于 100 mL 水中。

5. 未知物的鉴定

现有 6 瓶无标签试剂,有环己烷、苯甲醛、丙酮、环己烯、正丁醛和环己醇,试设计一个表格,列出选用的鉴定反应和预期出现的现象,给 6 瓶试剂分别贴上标签。

6. 2,4-二硝基苯腙的制备

在锥形瓶中放入 0.2 g 2,4-二硝基苯肼和 2 mL 浓 H_2SO_4,加水使固体溶解。趁热加 5 mL 95% 乙醇,在此溶液中加入 0.2 g 样品溶于 10 mL 乙醇的溶液,搅动后不久即析出结晶。冷却,过滤,沉淀用乙醇-水混合溶剂重结晶,得到黄色结晶,测熔点。

实验注意事项

(1) Tollens 试剂久置后将形成 AgN_3 沉淀,容易爆炸,故必须临时配制。进行实验时,切忌用灯焰直接加热,以免发生危险。实验完毕后,应加入少许硝酸,立即煮沸洗去银镜。

(2) $AgNO_3$ 溶液与皮肤接触,立即形成难于洗去的黑色金属银,故滴加和摇荡时要小心。

实验十九　从茶叶中提取咖啡因及鉴定

实验目的

(1) 学习从茶叶中提取咖啡因的原理和方法。

(2) 掌握索氏提取器的使用方法。

(3) 学习升华的操作。

(4) 学习固体有机物熔点的测定方法。

(5) 应用紫外吸收光谱测定饮料中咖啡因的含量。

实验原理

从天然植物或动物资源衍生出来的物质称为天然产物。天然产物主要有四类：碳水化合物、类脂化合物、萜类和甾族化合物、生物碱。对其进行化学分离、提纯的方法有：萃取、蒸馏、结晶、薄层层析、柱层析、气相色谱及高压液相色谱等。

咖啡因(又称咖啡碱)具有刺激心脏、兴奋大脑神经和利尿等作用，主要用作中枢神经兴奋药。它也是复方阿司匹林(APC)等药物的组分之一。现代制药工业多用合成方法来制得咖啡因。

茶叶中含有多种生物碱，其中咖啡因含量为 1%～5%，丹宁酸(又称鞣酸)含量为 11%～12%，色素、纤维素、蛋白质等约占 0.6%。咖啡因是弱碱性化合物，易溶于氯仿、水、热苯等。

咖啡因为嘌呤的衍生物，化学名称是 1,3,7-三甲基-2,6-二氧嘌呤，其结构式与茶碱、可可碱类似。

含结晶水的咖啡因为无色针状晶体，味苦，易溶于氯仿(12.5%)、水(2%)及乙醇(2%)等，微溶于石油醚。其在 100 ℃时即失去结晶水，并开始升华，在 120 ℃时升华显著，178 ℃时升华很快。

从茶叶中提取咖啡因，是用适当的溶剂(氯仿、乙醇、苯等)在索氏提取器中连续抽提，浓缩得粗咖啡因。粗咖啡因中还含有一些其他的生物碱和杂质，可利用升华进一步提纯。咖啡因是弱碱性化合物，能与酸成盐。其水杨酸盐衍生物的熔点为 138 ℃，可借此进一步验证其结构。

实验试剂

茶叶(10 g)；乙醇(95%)；生石灰。

产品的物理常数(文献值)见表 5-2-16。

表 5-2-16　产品的物理常数(文献值)

化合物	相对分子质量	性状	折射率	相对密度	熔点/℃	沸点/℃	溶解性		
							水	醇	醚
咖啡因 $C_8H_{10}N_4O_2$	194.19	白色结晶	—	1.230 0	234～239	178 升华	微溶	微溶	微溶

实验步骤

1. 粗品的提取

装好提取装置(图 5-2-4)。称取 10 g 茶叶末,放入索氏提取器的滤纸套筒中,在圆底烧瓶中加入 75 mL 95%乙醇,用水浴加热,连续提取 2～3 h(当提取液颜色很淡时,即可停止提取)。待冷凝液刚刚虹吸下去时,立即停止加热。稍冷后,改成蒸馏装置,回收提取液中的大部分乙醇。趁热将瓶中的残液倒入蒸发皿,拌入 3～4 g 生石灰粉,使成糊状,在蒸汽浴上蒸干,期间应不断搅拌,并压碎块状物。最后将蒸发皿放在石棉网上,用小火加热片刻,务必使水分全部除去。冷却后,擦去沾在边上的粉末,以免在升华时污染产物。

图 5-2-4 提取装置

整个流程图如图 5-2-5 所示。

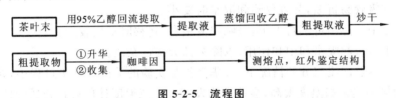

图 5-2-5 流程图

2. 提纯

如图 5-2-6 所示,取一只口径合适的玻璃漏斗,罩在隔以刺有许多小孔滤纸的蒸发皿上,用沙浴小心加热升华。控制沙浴温度在 220 ℃左右。当滤纸上出现许多毛状结晶时,暂停加热,让其自然冷却至 100 ℃左右。小心取下漏斗,揭开滤纸,用刮刀将纸上和器皿周围的咖啡因刮下。残渣经拌和后用较大的火再加热片刻,使升华完全。合并两次收集的咖啡因,称重并测定熔点。纯咖啡因熔点为 234.5 ℃。

3. 咖啡因含量的测定

(1) 样品准备。

在 100 mL 烧杯中称取经粉碎成低于 30 目的均匀茶叶样品 0.5～2.0 g,加入 80 mL 沸水,加盖,摇匀,浸泡 2 h,然后将浸出液全部移入 100 mL 的容量瓶,加入 2 mL 20%乙酸锌溶液、2 mL 10%亚铁氰化钾,摇匀,用水定容至 100 mL,静置,过滤。取滤液 5.0～20.0 mL 置于 250 mL 的分液漏斗中,依次加入 5 mL 1.5%高锰酸钾溶液、10 mL 10%无水亚硫酸钠与 10%硫氰酸钾混合溶液、1 mL 15%磷酸溶液,用 50 mL 氯仿进行萃取,萃取 2 次,合并氯仿萃取液,制成 100 mL 氯仿溶液,备用。

(2) 标准曲线的绘制。

从 0.5 mg·mL⁻¹ 的咖啡因标准储备液中,用重蒸氯仿

图 5-2-6 常压升华装置

配制成浓度分别为 $0~\mu g \cdot mL^{-1}$、$5~\mu g \cdot mL^{-1}$、$10~\mu g \cdot mL^{-1}$、$20~\mu g \cdot mL^{-1}$ 的标准系列溶液,以重蒸氯仿($0~\mu g \cdot mL^{-1}$)作参比,调节零点,用 1 cm 比色皿于 276.5 nm 下测量吸光度,作吸光度-咖啡因浓度的标准曲线或求出直线回归方程。

(3) 样品的测定

在 25 mL 具塞试管中,加入 5 g 无水硫酸钠,倒入 20 mL 样品的氯仿制备液,摇匀,静置。以重蒸氯仿作试剂空白,用 1 cm 比色皿于 276.5 nm 测出其吸光度,根据标准曲线(或直线回归方程)求出样品的吸光度相当于咖啡因的浓度 $c(\mu g \cdot mL^{-1})$。

实验注意事项

(1) 滤纸套筒大小要合适,以既能紧贴器壁,又能方便取放为宜,其高度不得超过虹吸管;要注意茶叶末不能掉出滤纸套筒,以免堵塞虹吸管;纸套上面折成凹形,以保证回流液均匀浸润被萃取物,也可以用塞棉花的方法(用少量棉花轻轻堵住虹吸管口)代替滤纸套筒。

(2) 虹吸管易折断,装置仪器和取拿时要小心。

(3) 瓶中乙醇不可蒸得太干,否则残液很黏,转移时损失较大。

(4) 生石灰起吸水和中和作用,以除去部分酸性杂质。

(5) 在萃取回流充分的情况下,升华操作是实验的关键。升华过程中,始终都需用小火间接加热。如温度太高,会使产物发黄。注意温度计应放在合适的位置,从而正确反映出升华的温度。

思考题

(1) 从茶叶中提取出的粗咖啡因有绿色光泽,为什么?

(2) 萃取和升华的原理是什么?

实验二十　阿司匹林的制备——用三氯化铁溶液控制反应时间(半微量制备)

实验目的

学习在反应过程中通过测定反应物是否完全消失来确定反应时间(反应终点)的实验方法。

实验原理

反应式:

实验试剂

水杨酸(邻羟基苯甲酸)(1.4 g,0.01 mol);乙酸酐(2.8 mL,3.06 g,0.03 mol);磷酸(85%);三氯化铁溶液(1%)。

实验步骤

在 50 mL 烧杯中依次加入 1.4 g 水杨酸、2.8 mL 乙酸酐、1 滴 85% 磷酸,混合均匀,用表面皿盖好烧杯。将烧杯移入微波炉的托盘上,加热功率设置为 30%,加热 2 min 后,取少许反应物,用三氯化铁溶液检验是否有水杨酸,如果反应液中仍有水杨酸,继续微波辐射 2 min,再取样检验一次,如此反复辐射和检验直到水杨酸消失为止,即达到反应终点。取出烧杯,冷却至室温,析出无色晶体,抽滤。

用甲苯重结晶,测产物熔点。测红外光谱(IR 谱)。

纯阿司匹林(乙酰水杨酸)为无色晶体,熔点为 138 ℃。

实验注意事项

(1) 加热时有刺激性乙酸逸出,实验最好在通风橱中进行。

(2) 在小试管中取少量三氯化铁溶液,用细滴管蘸一点反应混合物插入小试管中,如出现紫色,表明还有水杨酸存在。

思考题

(1) 三氯化铁溶液能检验水杨酸存在与否的原理是什么?

(2) 本实验的反应机理是什么?

(3) 为什么水杨酸的羟基与乙酸酐反应,而不是羧基与乙酸酐反应?

实验二十一　乙酰乙酸乙酯的制备

实验目的

(1) 掌握用 Claisen 酯缩合反应制备乙酰乙酸乙酯的原理和方法。

(2) 巩固无水反应、分液、减压蒸馏等操作。

实验原理

含 α-活泼氢的酯在碱性催化剂存在下,能与另一分子酯发生 Claisen 酯缩合反应,生成 β-羰基酸酯。由于乙酰乙酸乙酯分子中的亚甲基上的氢($pK_a = 10.65$)比乙醇的酸性强得多,最后一步实际上是不可逆的。反应后生成乙酰乙酸乙酯的钠盐,因此,必须用乙酸酸化,才能使乙酰乙酸乙酯游离出来。

反应式:

$$2CH_3COOC_2H_5 \xrightarrow{NaOC_2H_5} Na^+[CH_3COCHCOOC_2H_5]^-$$
$$\xrightarrow{HAc} CH_3COCH_2COOC_2H_5 + NaAc$$

实验试剂

乙酸乙酯(25 g, 27.5 mL, 0.38 mol);金属钠(2.5 g, 0.11 mol);二甲苯(12.5 mL);乙酸;饱和氯化钠溶液;无水硫酸镁。

实验步骤

1. 制钠珠

在干燥的 100 mL 圆底烧瓶中加入 2.5 g 金属钠和 12.5 mL 二甲苯,装上冷凝管,冷凝管上口装氯化钙干燥管。在石棉网上小心加热使钠熔融。立即拆去冷凝管,用橡皮塞塞紧圆底烧瓶,并用干布包裹瓶口,用力来回振摇,即得细粒状钠珠。放置后钠珠即沉于瓶底,将二甲苯倒入公用回收瓶(切勿倒入水槽或废物缸,以免引起火灾)。

2. 酯缩合反应

迅速向瓶中加入 27.5 mL 乙酸乙酯,重新装上冷凝管,并在其顶端装一氯化钙干燥管。反应随即开始,并有气泡逸出。如反应不开始或者很慢时,可稍微温热。待剧烈的反应过后,将反应瓶在石棉网上用小火加热,保持微沸状态,直至所有金属钠几乎全部作用完为止,反应约需 1.5 h。此时生成的乙酰乙酸乙酯钠盐为橘红色透明溶液(有时析出黄白色沉淀)。

3. 酸解制粗产物

待反应物稍冷后,在摇荡下加入 50% 的乙酸溶液(约需 15 mL),直到反应液呈弱酸性为止,此时所有的固体物质均已溶解。将反应物转入分液漏斗,加入等体积的饱和氯化钠溶液,用力振摇片刻,静置后,乙酰乙酸乙酯分层析出,分出粗产物。

4. 粗产物的纯化

粗产物用无水硫酸钠干燥后滤入蒸馏瓶,并用少量乙酸乙酯洗涤干燥剂。在沸水浴上蒸去未作用的乙酸乙酯,将剩余液移入 25 mL 克氏蒸馏瓶进行减压蒸馏。减压蒸馏时须缓慢加热,待残留低沸物蒸出后,再升高温度,收集乙酰乙酸乙酯,产量约 6 g。

乙酰乙酸乙酯沸点与压力的关系如表 5-2-17 所示。

纯乙酰乙酸乙酯的沸点为 180.4 ℃,折射率为 1.419 2。

表 5-2-17　乙酰乙酸乙酯沸点与压力的关系

压力/mmHg	760	80	60	40	30	20	18	14	12
沸点/℃	181	100	97	92	88	82	78	74	71

实验注意事项

(1) 乙酸乙酯必须绝对干燥,但其中含有 1‰~2‰ 的乙醇。其提纯方法如下:将普通乙酸乙酯用饱和氯化钙溶液洗涤数次,再用焙烧过的无水碳酸钾干燥,在水浴上蒸馏,收集 76~78 ℃的馏分。

(2) 金属钠遇水即燃烧、爆炸,故使用时应严格防止与水接触。在称量和切片过程中应当迅速,以免空气中水汽侵蚀或被氧化。一般要使钠全部溶解,但很少量未反应的钠并不妨碍进一步操作。

(3) 用乙酸中和时,开始有固体析出,继续加酸并不断振摇,固体会逐渐消失,最后得到澄清的液体。如尚有少量固体未溶解时,可加少许水使其溶解。但应避免加入过量的乙酸,否则会增加酯在水中的溶解度而降低产量。

(4) 产率是按金属钠计算的。本实验最好连续进行,如间隔时间太久,会降低产量。

思考题

(1) 本实验为什么可以用金属钠代替醇钠作催化剂?

(2) 本实验加入 50‰乙酸溶液和饱和氯化钠的目的何在?

(3) 什么叫互变异构现象?如何用实验证明乙酰乙酸乙酯是两种互变异构体的平衡混合物?

实验二十二　α-苯乙胺外消旋体的拆分

实验目的

(1) 了解外消旋体拆分的方法和原理。

(2) 掌握分步结晶法。

(3) 熟悉旋光仪的使用。

实验原理

具有一个手性碳的外消旋体的两个异构体互为对映体,它们一般具有相同的物理性质,用重结晶、分馏、萃取及常规色谱法不能分离。通常使其与一种旋光的化合物或某种光学活性化合物(即拆分剂)作用生成两种非对映异构盐,再利用它们的物理性质(如在某种选定的溶剂中的溶解度)不同,用分步结晶法来分离它们,最后去掉拆分剂,便可以得到光学纯的异构体。本实验用(＋)-酒石酸为拆分剂,它与外消旋α-苯乙胺形成非对映异构体的盐。其反应如下:

$$\text{(±)-}\alpha\text{-苯乙胺} \quad + \quad \text{(+)-酒石酸} \quad \longrightarrow \quad \text{(+)-胺·(+)-酸盐}$$

（±）-α-苯乙胺　　　　　（＋）-酒石酸　　　　　　　　　（＋）-胺·（＋）-酸盐

（－）-胺·（＋）-酸盐

光学纯的酒石酸在自然界颇为丰富，它是酿酒过程中的副产物。由于（－）-胺·（＋）-酸非对映体的盐比另一种非对映体的盐在甲醇中的溶解度小，故易从溶液中结晶析出，经稀碱处理，使（－）-α-苯乙胺游离出来。母液中含有（＋）-胺·（＋）-酸盐，原则上经提纯后可以得到另一种非对映异构体的盐，经稀碱处理后得到（＋）-胺。本实验只分离对映异构体之一，即左旋异构体，因右旋异构体的分离对学生来说显得困难。

实验试剂

（＋）-酒石酸(6.3 g,0.041 mol)；α-苯乙胺(5 g,0.041 mol)；甲醇；乙醚；氢氧化钠溶液(50%)。

实验步骤

1. 分步结晶

在盛有 90 mL 甲醇的 250 mL 锥形瓶中，加入 6.3 g（＋）-酒石酸，在水浴上加热至约 60 ℃，搅拌使酒石酸溶解。然后在搅拌下慢慢加入 5 g α-苯乙胺（须小心操作，以免混合物沸腾或起泡溢出）。冷却至室温后，将烧瓶塞住，放置 24 h 以上，应析出白色棱状晶体。假如析出针状结晶，应重新加热溶解并冷却至完全析出棱状结晶。抽气过滤，并用少量冷甲醇洗涤，干燥后得（－）-胺·（＋）-酒石酸盐约 4 g。

2. 拆分

将两个学生各自的产品合并起来，约为 8 g 盐的晶体。将 8 g（－）-胺·（＋）-酒石酸盐置于 250 mL 锥形瓶中，加入 30 mL 水，搅拌使部分结晶溶解，接着加入 5 mL 50%氢氧化钠溶液，搅拌混合物至固体完全溶解。将溶液转入分液漏斗，每次用 15 mL 乙醚萃取 2 次。合并乙醚萃取液，用无水硫酸钠干燥。水层倒入指定容器中回收（＋）-酒石酸。

将干燥后的乙醚溶液用滴液漏斗分批转入 25 mL 圆底烧瓶，在水浴上蒸去乙醚，然后蒸馏收集 180～190 ℃馏分于一已称重的锥形瓶中，产量 2～2.5 g。用塞子塞住锥形瓶，备用。

3. 比旋光度的测定

用移液管量取 10 mL 甲醇于盛胺的锥形瓶中,振摇使胺溶解。溶液的总体积非常接近 10 mL,两个体积的加合值在本步骤中引起的误差可忽略不计。根据胺的质量和总体积,计算出胺的浓度(g·mL^{-1})。将溶液置于 2 cm 的样品管中,测定旋光度及比旋光度,并计算拆分后胺的光学纯度。纯 S-(—)-α-苯乙胺的$[\alpha]^{25}$ = —39.5°。

实验注意事项

(1) 必须得到棱状晶体,这是实验成功的关键。如溶液中析出针状晶体,可采取如下步骤:①由于针状晶体易溶解,可加热反应混合物到恰好针状晶体已完全溶解而棱状晶体尚未开始溶解为止;②分出少量棱状晶体,加热反应混合物至其余晶体全部溶解,稍冷后用取出的棱状晶体作为晶种。如析出的针状晶体较多,此方法最为适宜。如有现成的棱状晶体,在放置过夜前接种更好。

(2) 蒸馏 α-苯乙胺时,容易起泡,可加入 1~2 滴消泡剂(聚二甲基硅烷 0.001% 的己烷溶液)。作为一种简化处理,可将干燥后的乙醚溶液直接过滤到已经事先称重的圆底烧瓶中,先在水浴上尽可能蒸去乙醚,再用水泵抽去残留的乙醚。称量烧瓶即可计算出(—)-α-苯乙胺的质量。省去进一步的蒸馏操作。

思考题

(1) 你认为本实验中关键步骤是什么? 如何控制反应条件才能分离出纯的旋光异构体?

实验二十三　安息香缩合反应

实验目的

(1) 学习安息香缩合反应的原理。
(2) 掌握应用维生素 B$_1$ 作为催化剂进行反应的实验方法。

实验原理

芳香醛在氰化钠(钾)作用下,分子间发生缩合生成二苯羟乙酮(或安息香)的反应,称为安息香缩合。最典型的例子是苯甲醛的缩合反应。由于氰化钠剧毒,本实验改用维生素 B$_1$ 为催化剂,材料易得,操作安全,效果良好。

维生素 B$_1$ 也称为硫胺素,其结构式为

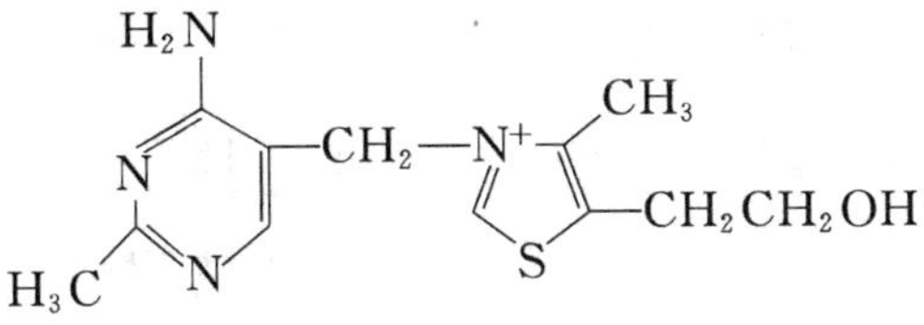

反应式:

$$2C_6H_5CHO \xrightarrow{\text{维生素 } B_1} C_6H_5-\overset{\overset{\displaystyle OH}{|}}{CH}-\overset{\overset{\displaystyle O}{\|}}{C}-C_6H_5$$

实验试剂

苯甲醛(新蒸)(10.4 g,10 mL,0.1 mol);维生素 B_1(1.8 g);乙醇(95%);氢氧化钠溶液(10%)。

实验步骤

在 100 mL 圆底烧瓶中,加入 1.8 g 维生素 B_1、5 mL 蒸馏水和 15 mL 乙醇,将烧瓶置于冰浴中冷却。同时取 5 mL 10%氢氧化钠溶液于一支试管中,也置于冰浴中冷却。然后在冰浴冷却下,将氢氧化钠溶液在 10 min 内滴加至维生素 B_1 溶液中,并不断摇荡,调节溶液 pH 值为 9~10,此时溶液呈黄色。去掉冰浴,加入 10 mL 新蒸的苯甲醛和几粒沸石,装上球形冷凝管,将混合物置于水浴上温热 1.5 h。水浴温度保持在 60~75 ℃,切勿将混合物加热至剧烈沸腾,此时反应混合物呈橘黄或橘红色均相溶液。将反应混合物冷至室温,析出浅黄色结晶。将烧瓶置于冰浴中冷却使结晶完全。若产物呈油状物析出,应重新加热使成为均相,再慢慢冷却重新结晶。必要时可用玻璃棒摩擦瓶壁或投入晶种。抽滤,用 50 mL 冷水分两次洗涤结晶。粗产物用 95%乙醇重结晶。若产物呈黄色,可加入少量活性炭脱色。粗产物为白色针状结晶,产量约 5 g,熔点 134~136 ℃。

纯安息香的熔点为 137 ℃。

实验注意事项

(1) 苯甲醛中不能含有苯甲酸,用前最好经 5%碳酸氢钠溶液洗涤,而后减压蒸馏,并避光保存。

(2) 维生素 B_1 在酸性条件下是稳定的,但易吸水,在水溶液中易被氧化失效,在氢氧化钠溶液中噻唑环易开环失效。因此,反应前维生素 B_1 溶液及氢氧化钠溶液必须用冰水冷透。

(3) 安息香在 100 mL 沸腾的 95％乙醇中可溶解 12～14 g。

思考题

(1) 本实验中,若使用浓碱,苯甲醛主要发生什么化学反应?

(2) 为什么反应混合物的 pH 值要调至 9～10？pH 值过低有什么不好?

第三节　设计性实验

实验二十四　乙酸戊酯的制备实验条件的研究

背景

酯化反应是可逆平衡反应,反应物酸和醇的结构、配料比、催化剂、温度等因素都影响平衡、反应速率以及转化率。要得到高收率的酯,需将反应物之一过量或将产物分出反应系统。

要求

(1) 确定乙酸戊酯制备的最优的实验方法。

(2) 研究实验中加入苯是否必要。

(3) 研究乙酸丁酯、乙酸异戊酯、乙酸己酯的合成条件,总结出酯制备实验的一般操作方法和条件。

(4) 写出研究结果的总结报告。

提示

做四个实验,反应条件分别如下:①乙酸与戊醇等量,加浓硫酸催化;②乙酸与戊醇等量,不加浓硫酸催化;③乙酸过量,加浓硫酸催化;④乙酸与戊醇等量,加适量苯,加浓硫酸催化。前三个实验在回流反应装置中完成,后一个实验在回流分水反应装置中完成。

分离纯化酯。称重,计算产率。

实验二十五　苯巴比妥的合成

背景

苯巴比妥是巴比妥类药物,具有镇静、催眠、抗惊厥作用,并可抗癫痫,对癫痫大发作与局限性发作及癫痫持续状态有良效。苯巴比妥有多种合成方法。比较成熟的方法之一是通过苯乙酸乙酯与草酸二乙酯进行 Claisen 缩合,加热脱羧得 2-苯基丙二酸二乙酯,再引入乙基,与尿素缩合得到苯巴比妥。

要求

(1) 查阅相关文献,比较不同的合成方法,设计可行的实验方案,合成 1 g 苯巴比妥。

(2) 采用合适的方法提纯产品。

(3) 对合成的苯巴比妥进行结构表征。

提 示

(1) 设计可行的合成方案和实验装置,考察反应物浓度、反应时间、反应温度对反应的影响。

(2) 建立方便、简单、准确的分析方法,监测反应进程,检验产品纯度。

(3) 选择合适的方法表征产品结构。

实验二十六　多组分混合物的分离——环己醇、苯酚、苯甲酸的分离

要求

(1) 初步了解进行科学研究的基本过程,提高应用知识和技能进行综合分析、解决实际问题的能力,掌握分离有机混合物的基本思路和方法。

(2) 根据所学有机物基本性质,分析混合物各组分的特点,查阅资料,在文献调研的基础上,调研分离醇、酚、芳香酸的具体方法;设计完成三组分混合物环己醇、苯酚、苯甲酸的分离。

(3) 对分离所得各物质进行分析测试。

提 示

(1) 查阅混合物中各组分化合物的物理常数,利用有机物物理、化学性质上的差异进行分离。

(2) 分析各种方法的优缺点,做出自己的选择。

(3) 结合实验室条件,设计完成三组分混合物(环己醇、苯酚、苯甲酸)的分离,写出分离 20 g 混合物的设计方案,设计操作步骤(包括分析可能存在的安全问题,并提出相应的解决策略)。列出使用的仪器,提出各化合物检测方法和打算使用的仪器设备。

实验二十七　双酚 A 的合成

背 景

双酚 A 的化学名称是 2,2-双(4′-羟基苯基)丙烷。该化合物是一种用途很广的

化工原料。它是双酚 A 型环氧树脂及聚碳酸酯等化工产品的合成原料,还可用做聚氯乙烯塑料的热稳定剂,电线防老剂,油漆、油墨等的抗氧剂和增塑剂。

要求

(1) 查阅有关文献,设计并确定一种可行的制备实验方案。

(2) 制备 2 g 双酚 A 产品。

提示

双酚 A 的制备方法主要是通过苯酚和丙酮的缩合反应:

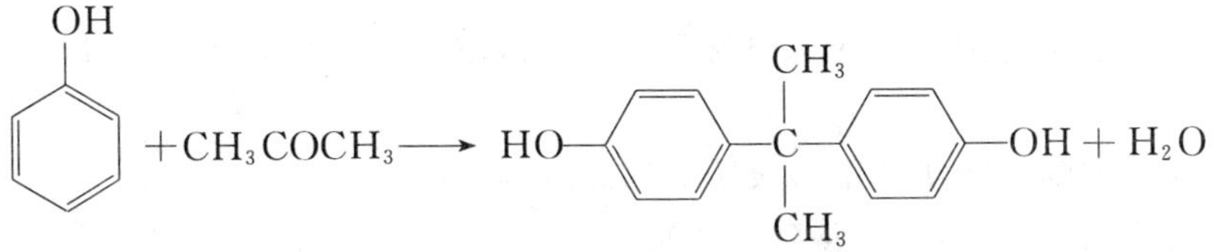

反应在四氯化碳、氯仿、二氯甲烷、氯苯等有机溶剂中进行,盐酸、硫酸等质子酸作催化剂。还有其他的合成方法,在此不作介绍。

实验二十八　微波辐射法制备 9,10-二氢蒽-9,10-α,β-马来酸酐

背景

自 1986 年发现微波加热可以促进有机化学反应以来,研究者们对促进化学反应的原理、微波炉的结构、化学反应器的设计等研究做了大量工作,其进展很快,取得了显著成绩。微波辐射能大幅度提高化学反应速率,甚至达到传统加热反应的 1 000 余倍;可用家用微波炉产生微波辐射(波长 12.2 cm,2.45 GHz),化学反应可在烧杯中进行。

从安全的角度考虑,在教学实验中微波实验的规模不宜太大,最好用于高沸点的试剂和固体化合物。微波技术用于化学实验所用试剂少,节省开支,符合绿色化学实验要求,产物转化率高,产物选择性大,因此分离纯化过程简单。在进行微波化学实验时,要注意选择微波炉的功率,它对反应时间影响很大,过长反应时间会使产物焦化。最好使用带转盘的微波炉做实验,它可以起到某种程度的搅拌作用。在玻璃仪器中做实验,不可密封,以防爆炸。微波化学技术已得到一定的应用,但是,对其促进反应的原理还没有统一的认识,有待进一步研究。

要求

(1) 查阅文献后,设计出合理可行的制备 9,10-二氢蒽-9,10-α,β-马来酸酐 (Diles-Alder 反应)的半微量制备实验方案。

(2) 加热方法要求选择微波辐射。

（3）制备 0.5~2 g 产品，测定其熔点。

提示

（1）反应如下所示。

（2）本实验用的微波炉的功率为 700 W。微波辐射一般能在几分钟内完成化学反应。

（3）在微波辐射的实验中一般用高沸点溶剂。

（4）可用二甲苯重结晶，得到纯净物。

实验二十九　苄叉丙酮的合成

背景

苄叉丙酮的化学名称是 4-苯基-3-丁烯-2-酮。它是一种用途广泛的有机物，尤其是在香料工业和电镀工业中。它本身是肉桂醛香料系列中的一种，以它为原料得到的一系列衍生物也很重要。在电镀工业中，它和其他成分一起被配成溶液，作为一些合金的光亮剂，如铅锡合金、铅锌合金的光亮剂。除此以外，它还具有一定的杀虫活性和驱虫功效，能用作杀虫剂中的稳定剂。

要求

（1）查阅相关文献，设计并确定一种切实可行的实验方案（最好是半微量或微型）。

（2）合成 0.5~2 g 产品。

（3）条件许可前提下，探讨各合成方法的特点。

提示

主要合成方法如下。

（1）醛酮缩合反应。

（2）与酰化试剂反应。

$$\text{PhCHO} + (CH_3CO)_2O \xrightarrow[\text{LiClO}_4]{CH_3COOH} \text{PhCH=CHCOCH}_3 + CH_3COOH$$

此外，还有其他合成方法，在此不作介绍。

主要参考文献

[1] 兰州大学，复旦大学化学系有机化学教研室. 有机化学实验[M]. 2 版. 北京：高等教育出版社，1994.

[2] 高占先. 有机化学实验[M]. 4 版. 北京：高等教育出版社，2004.

[3] 单尚，强根荣，金卫红. 新编基础有机化学实验（Ⅱ）[M]. 北京：化学工业出版社，2007.

[4] 曾昭琼. 有机化学实验[M]. 2 版. 北京：高等教育出版社，1997.

[5] 李正化. 药物化学[M]. 3 版. 北京：人民卫生出版社，1990.

[6] 蔡炳新，陈贻文. 基础化学实验[M]. 北京：科学出版社，2001.

[7] Hyon S H，Jamshidi K，Ikada Y. Synthesis of polylactides with different molecular weights[J]. Biomaterials，1997，18(22)：1503-1508.

[8] Arai K，Tamura S，Kawai K，et al. A Novel Electrochemical Synthesis of Ureides from Esters[J]. Chemical & Pharmaceutical Bulletin，1989，37(11)：3117-3118.

[9] Pinhey J T，Rowe B A. The α-arylation of derivatives of malonic acid with aryllead triacetates. New syntheses of ibuprofen and phenobarbital [J]. Tetrahedron Letters，1980，21(10)：965-968.

[10] Lafont O，Cave C，Menager S，et al. New chemical aspects of primidone metabolism[J]. European Journal of Medicinal Chemistry，1990，25(1)：61-66.

第六章 基本实验(Ⅴ)

第一节 基础性实验

实验一 燃烧热的测定

实验目的

(1) 用氧弹量热计测定蔗糖(或萘)的燃烧热。
(2) 掌握燃烧热的定义,了解恒压燃烧热与恒容燃烧热的差别及相互关系。
(3) 熟悉量热计,掌握氧弹量热计的实验技术。
(4) 学会雷诺图解法校正温度改变值。

实验原理

1. 燃烧与量热

根据热化学的定义,燃烧热是 1 mol 物质完全氧化即完全燃烧时的反应热。所谓完全氧化,对燃烧产物有明确的规定,如有机物中的碳只有氧化成二氧化碳才是完全氧化,氧化成一氧化碳不能认为是完全氧化。

燃烧热的测定,在热化学、生物化学以及一些工业部门如火力发电厂中应用很多。

量热法是热力学的一种基本实验方法。热是过程量,恒容过程的燃烧热叫恒容燃烧热,以 Q_V 表示;恒压过程的燃烧热叫恒压燃烧热,以 Q_p 表示。由热力学第一定律可知,恒容燃烧热等于系统热力学能的改变,即 $Q_V = \Delta U$。恒压燃烧热等于系统焓的改变,即 $Q_p = \Delta H$。它们之间存在以下关系:

$$\Delta H = \Delta U + \Delta(pV) \tag{6-1-1}$$

$$Q_p = Q_V + \Delta nRT \tag{6-1-2}$$

式中:Δn——燃烧反应前后反应物和生成物中气体的物质的量之差;

R——摩尔气体常数;

T——反应时的热力学温度。

2. 氧弹量热计

量热计的种类很多,本实验所用的氧弹量热计是一种环境恒温式的量热计。氧弹量热计测量装置如图 6-1-1 所示。图 6-1-2 是氧弹的剖面图。样品在密封的高压容器氧弹内的燃烧是恒容过程,氧弹量热计直接测量的是样品的恒容燃烧热。

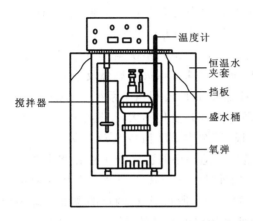

图 6-1-1　氧弹量热计测量装置图

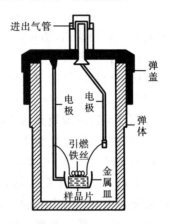

图 6-1-2　氧弹剖面图

如图 6-1-1 所示,氧弹放在恒温水夹套内的盛水桶中,盛水桶中加有一定量的水,足以淹没氧弹的主体。盛水桶底有热绝缘材料制作的小垫,使桶架空,整个盛水桶上下四周与恒温水夹套间都留有空隙,形成一个空气层间隔,上面有热绝缘的量热计盖密封,盛水桶和恒温水夹套内表面都高度抛光,以免热辐射和空气的对流,使得盛水桶成为一个与周围环境热绝缘的绝热系统。样品在氧弹内完全燃烧所释放的能量就使得这个绝热系统(包括氧弹、盛水桶、桶内所有的介质水和附件)本身温度升高。根据能量守恒定律,测量介质在燃烧前后的温度变化,得到该系统在燃烧前后的温度变化值 ΔT,就可计算出样品的恒容燃烧热。其关系式如下:

$$-(m_{样}/M_{样})Q_{V,样} - lQ_l = C_{系}\Delta T \tag{6-1-3}$$

式中:$m_{样}$、$M_{样}$——样品的质量和摩尔质量;

$\quad Q_{V,样}$——样品的恒容燃烧热;

$\quad l$、Q_l——引燃专用铁丝的长度和单位长度燃烧热;

$\quad C_{系}$——该系统的热容。

其中,$C_{系}$ 也可表示为

$$C_{系} = m_{水}c_{水} + C_{计}$$

式中:$m_{水}$——系统中介质水的质量;

$\quad c_{水}$——系统中介质水的比热容;

$\quad C_{计}$——系统中除介质以外的其余部分的热容,即除水之外,系统升高 1 ℃所需的热量。

当 $m_{水}$ 和 $c_{水}$ 已知时,求出 $C_{计}$ 也可得到 $C_{系}$。

为了保证样品完全燃烧,氧弹中须充以高压氧气或其他氧化剂。因此,氧弹应有很好的密封性能、耐高压且耐腐蚀。为了保持系统内温度均匀,系统内的介质水被不停地搅拌。

3. 雷诺温度校正图

实际上，量热计中的绝热系统与周围环境的热交换无法完全避免，它对温度测量值的影响可用雷诺（Renolds）温度校正图来校正。具体方法如下。

按操作步骤进行测定，将燃烧前后观察所得的一系列系统温度与时间的对应关系作图，可得如图 6-1-3 所示的曲线。图中 H 点意味着点火使燃烧反应开始，此时，系统温度迅速上升，D 点为观察到的最高温度值，HD 段相当于系统内燃烧反应期。在反应期前后的前期和后期，系统与环境间的温度差变化不大，交换能量较稳定，在图中将各有一段温度变化速率稳定的直线段，即图中 FH 段以及 DG 段。用虚线画出前期 FH 和后期 DG 两线段的外延线；选取一适当中间温度的 J 点作水平线交曲线于 I 点，过 I 点作垂线 ab，和 FH 和 GD 的外延线交于 A、C 两点。其中 J 点的选择要使得 HIA 包围的面积等于 DIC 包围的面积。所得 A、C 两点的温度差即为经过校正的因系统内的燃烧反应放出热量致使系统温度升高的 ΔT。图中 AA' 为系统开始燃烧至温度上升到 J 点所示温度这一段时间 Δt_1 内，由环境辐射和搅拌对系统引进的能量所造成的升温，故应予扣除。CC' 是系统由 J 点所示温度到最高温度 D 点这一段时间 Δt_2 内，系统向环境的热漏造成的温度降低，故应计算在内。故可认为，A、C 两点的温度差较客观地表示了样品燃烧引起的系统升温数值。

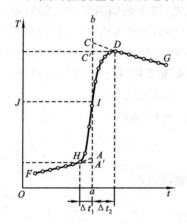　　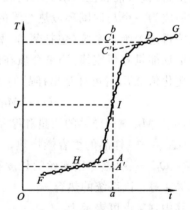

图 6-1-3　绝热稍差情况下的雷诺温度校正图　　图 6-1-4　绝热良好情况下的雷诺温度校正图

在某些情况下，量热计的绝热性能良好，热漏很小，而搅拌器功率较大，不断引进的能量使得曲线不出现最高温度点，如图 6-1-4 所示。其校正方法与前述相似。

本实验采用数字式精密温度温差测量仪来测量温度，图 6-1-1 中，插入盛水桶的温度计应为温度温差测量仪的传感器。

实验仪器、试剂及材料

氧弹量热计；数字式精密温度温差测量仪；氧气钢瓶；氧气减压阀；压片机；万用

表;案秤;电脑;量筒(1 000 mL);药物天平;电子天平;直尺;剪刀;镊子。

苯甲酸(分析纯);蔗糖(分析纯);萘(分析纯)。

引燃铁丝。

实验步骤

1. 测量量热计中绝热系统的热容

测量燃烧热要知道系统的热容 $C_\text{系}$,但每套仪器的 $C_\text{系}$ 各不一样,须事先测定。测定 $C_\text{系}$ 的方法是用一定质量的已知燃烧热的标准物质在氧弹量热计里进行燃烧热测定的实验,可测得仪器的绝热系统温度升高 ΔT_1,则应有

$$-(m_\text{标}/M_\text{标})Q_{V,\text{标}} - lQ_l = C_\text{系}\Delta T_1 \tag{6-1-4}$$

由此可求算得 $C_\text{系}$。标准物质通常用苯甲酸。

(1)样品制作。

用药物天平粗称 0.8~1.0 g 的苯甲酸,在压片机上稍用力压成圆片。样品片不要压得太紧,否则点火时不易全部燃烧;也不要压得太松,以免样品片破碎脱落。再用分析天平以差重法准确称量样品的质量。

(2)装样并充氧气。

拧开氧弹盖,将氧弹内壁擦干净,特别是电极下端更应擦干净。小心将样品片平放在坩埚中部。剪取 18 cm 长的引燃铁丝,在直径约 3 mm 的铁钉上,将铁丝中段绕成螺旋形(约 5 圈)。如图 6-1-2 所示,将铁丝中部螺旋部分紧贴在样品片的表面,两端固定在电极上。注意铁丝不要与坩埚接触。用万用表检查两电极间电阻值,一般应不大于 20 Ω。旋紧氧弹盖,换接上导气管接头。导气管另一端与氧气钢瓶上的减压阀连接。打开钢瓶阀门,向氧弹中充入 2 MPa 的氧气。卸下导气管,关闭氧气钢瓶阀门,放掉氧气表中的余气。再次用万用表检查两电极间的电阻。如阻值过大则应放出氧气,开盖检查。

(3)装置实验系统。

用案秤准确称取自来水 3 kg 于盛水桶内。将氧弹放入水桶中,注意与搅拌器错开位置,不致发生接触。把氧弹两电极用点火导线与量热计控制面板点火输出两电极相连接。盖上量热计盖,将数字式精密温度温差测量仪的传感器插入系统。开动搅拌器。待温度基本稳定后,将温差仪"采零"并"锁定"。

(4)应用电脑软件控制实验。

设置雷诺温度校正图的坐标范围。每 15 s 采集一次温度数据,开始绘图。10~12 min 后,按下量热计控制面板上点火电键 4~5 s,使样品点火燃烧。待反应结束后,继续采集数据 10~12 min 后停止绘图。

关闭电源后,取出温差测量仪的传感器,再打开量热计盖,取出氧弹,打开氧弹出气口放出高压气体。旋开氧弹盖,检查样品燃烧是否完全。氧弹中应没有明显的燃烧残渣。若发现黑色残渣,则应重做实验。测量未燃烧的铁丝长度,并计算实际燃烧

的铁丝长度。最后擦干氧弹和盛水桶。

样品点燃及燃烧完全是本实验成功的关键。

(5) 应用电脑软件作雷诺校正图得到 ΔT_1。

应用电脑软件计算系统热容,事先从采集的温度数据中分别确定反应期前后的前期和后期两段直线线段的起点和终点的序号,按照软件提示输入有关实验数据,在电脑屏幕上作雷诺校正图得到 ΔT_1。

注:本实验室还有长沙华星能源仪器实业有限公司生产的自动智能量热仪(HXZ-C6A 型)4 台。火力发电厂多使用此类仪器。实验步骤为:①样品制作(同上);②装样并充氧气,使用该仪器的专用引燃铁丝(专用软件中存有其参数),充氧需 2.8~3.1 MPa;③装置实验系统,盛水桶内称取 2 kg 水,氧弹放入水桶中,盖上量热计盖即可;④应用电脑软件控制实验,按其软件要求输入有关参数,实验开始后一直到显示热容量结果全部自动进行。

2. 蔗糖(或萘)的燃烧热测定

粗称 1.2~1.5 g 的蔗糖(如果测定萘的燃烧热,粗称 0.6 g 左右的萘),再按上述苯甲酸燃烧的方法进行实验,测出绝热系统温度升高值 ΔT_2。这时有

$$-(m_样/M_样)Q_{V,样} - lQ_l = C_系 \Delta T_2 \tag{6-1-5}$$

式中:$C_系$——苯甲酸燃烧实验测得的 $C_系$;

　　$Q_{V,样}$——蔗糖(或萘)的恒容燃烧热。

ΔT_2 测得后,即可求出 $Q_{V,样}$。

数据记录及处理

(1) 已知苯甲酸在 100 kPa、298.15 K 时的恒压燃烧热为 $-3\,226.9$ kJ·mol^{-1},计算 100 kPa、298.15 K 时苯甲酸的恒容燃烧热 $Q_{V,标}$。

(2) 已知专用引燃铁丝的燃烧热值为 -2.9 J·cm^{-1}。将苯甲酸的 $Q_{V,标}$ 和有关实验数据代入式(6-1-4),求出 $C_系$。

(3) 将 $C_系$ 和有关实验数据代入式(6-1-5),计算所测样品(蔗糖或萘)的恒容燃烧热 $Q_{V,样}$。

由样品的恒容燃烧热 $Q_{V,样}$ 计算样品的恒压燃烧热 $Q_{p,样}$。

(4) 计算实验结果与文献值的相对误差。分析实验结果,并指出最大测量误差。

(5) 相关物质的文献值如表 6-1-1 所示。

表 6-1-1　相关物质的文献值

物质	分子式	摩尔质量/(g·mol^{-1})	恒压燃烧热/(kJ·mol^{-1})
苯甲酸(s)	C_6H_5COOH	122.12	$-3\,226.9$
蔗糖(s)	$C_{12}H_{22}O_{11}$	342.30	$-5\,640.9$
萘(s)	$C_{10}H_8$	128.17	$-5\,153.9$

思考题

（1）在本实验中哪些是系统？哪些是环境？

（2）系统和环境通过哪些途径进行热交换？这些热交换对结果有无影响？如何处理？

（3）如何用蔗糖的燃烧热数据来计算蔗糖的标准生成热？

实验二　凝固点降低法测定摩尔质量

实验目的

（1）通过本实验加深对稀溶液依数性质的理解。

（2）掌握溶液凝固点的测量技术。

（3）用凝固点降低法测定蔗糖的摩尔质量。

实验原理

固体溶剂与溶液成平衡的温度称为溶液的凝固点。含非挥发性溶质的双组分稀溶液的凝固点低于纯溶剂的凝固点。凝固点降低是稀溶液依数性质的一种表现。当确定了溶剂的种类和数量后,溶剂凝固点降低值仅取决于所含溶质分子的数目。对于理想溶液,根据相平衡条件,稀溶液的凝固点降低与溶液成分关系由范特霍夫(van't Hoff)凝固点降低公式给出

$$\Delta T_f = \frac{RT_f^{*2}}{\Delta_{fus} H_m^\ominus} \frac{n_B}{n_A + n_B} \tag{6-1-6}$$

式中:ΔT_f——凝固点降低值;

$\quad T_f^*$——纯溶剂的凝固点;

$\quad \Delta_{fus} H_m^\ominus$——纯溶剂的标准摩尔熔化热($\Delta H_m$是纯溶剂的摩尔凝固热,如果忽略温度对它的影响,就可以用纯溶剂的标准摩尔熔化热 $\Delta_{fus} H_m^\ominus$ 代替 $-\Delta H_m$);

$\quad n_A$、n_B——溶剂和溶质的物质的量。

当溶液浓度很稀时,$n_A \gg n_B$,则

$$\Delta T_f = \frac{RT_f^{*2}}{\Delta_{fus} H_m^\ominus} \frac{n_B}{n_A} = \frac{RT_f^{*2}}{\Delta_{fus} H_m^\ominus} M_A m_B = K_f m_B \tag{6-1-7}$$

式中:M_A——溶剂的摩尔质量;

$\quad m_B$——溶质的质量摩尔浓度;

$\quad K_f$——凝固点降低常数。

如果已知溶剂的凝固点降低常数 K_f,并测得此溶液的凝固点降低值 ΔT_f,以及溶剂和溶质的质量 W_A、W_B,则溶质的摩尔质量为

$$M_B = K_f \frac{W_B}{\Delta T_f W_A} \tag{6-1-8}$$

应该注意,如果溶质在溶液中有解离、缔合、溶剂化和配合物形成等情况时,不能简单地运用式(6-1-8)计算溶质的摩尔质量。显然,溶液凝固点降低法可用于溶液热力学性质的研究,例如电解质的电离度、溶质的缔合度、溶剂的渗透系数和活度系数等。

通常测凝固点的方法是将系统温度回升,当放热与散热达成平衡时,温度不再改变,此固-液两相达成平衡,此时的温度即为溶液的凝固点。本实验要测纯溶剂和溶液的凝固点之差。对纯溶剂来说,只要固-液两相平衡共存,同时系统的温度均匀,理论上各次测定的凝固点应该一致。其步冷曲线如图 6-1-5(a)所示。但实际上会有起伏,因为系统温度可能不均匀,尤其是过冷程度不同,析出晶体多少不一致时,回升温度不易相同,其步冷曲线出现如图 6-1-5(b)所示的形状。过冷太甚,会出现如图 6-1-5(c)所示的形状。

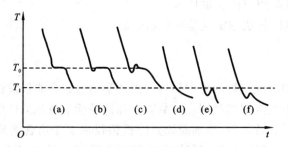

图 6-1-5　步冷曲线示意图

与凝固点相应的溶液浓度是平衡浓度。但因析出溶剂晶体数量无法精确得到,故平衡浓度难于直接测定。由于溶剂较多,若控制过冷程度,使析出的晶体很少,以起始浓度代替平衡浓度,一般不会产生太大误差。所以要使实验做得准确,读凝固点温度时,一定要使固相析出达到固-液平衡,但析出量愈少愈好。

二元溶液冷却时,某一组分析出后,溶液组分沿液相线改变,凝固点不断降低,出现如图 6-1-5(d)所示的形状。若稍有过冷现象,则出现如图 6-1-5(e)所示的形状,此时可将回升的最高值近似地作为溶液的凝固点。由于过冷现象存在,晶体一旦大量析出,放出的凝固热会使温度回升,但回升的最高温度已不是原浓度溶液的凝固点。若过冷太甚,凝固的溶剂过多,溶液的浓度变化过大,则出现如图 6-1-5(f)所示的形状,测得的凝固点将偏低,影响溶质摩尔质量的测定结果。因此在测量过程中应该设法控制适当的过冷程度,一般可通过控制制冷剂的温度、搅拌速度等方法来达到。

严格而论,纯溶剂和溶液的步冷曲线,均应通过外推法求得凝固点 T_f^* 和 T_f。以图 6-1-5(f)所示曲线为例,可以将凝固后固相的冷却曲线向上外推至与液相段相交,并以此交点温度作为凝固点。

实验仪器及试剂

凝固点测定仪;SWC-II_D数字温度温差仪;电子天平;托盘天平;移液管(25

mL);烧杯(1 000 mL);水银温度计(分度值0.1 ℃)。

食盐;蔗糖。

实验步骤

1. 仪器安装

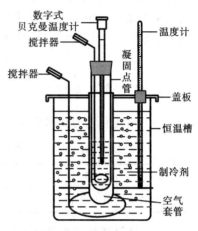

图 6-1-6　凝固点测定仪示意图

按图6-1-6所示将凝固点测定仪安装好。凝固点管、数字式贝克曼温度计探头及搅拌棒均须清洁及干燥,防止搅拌时搅拌棒与管壁或温度计相摩擦。有关数字式贝克曼温度计的操作使用详见说明书。将传感器探头插入后盖板上的传感器接口(注意槽口对齐),按下电源开关,此时显示屏上显示仪表初始状态(实时温度)。由于测量的温度在0 ℃左右,基温会自动设为0 ℃,故不需要进行"采零"和"锁定"操作。

2. 调节制冷剂的温度

调节冰水的量使制冷剂的温度为−3.0 ℃左右(制冷剂的温度以不低于所测溶液凝固点3 ℃为宜)。实验时制冷剂应经常搅拌并间断地补充少量的碎冰,使制冷剂温度基本保持不变。

3. 溶剂凝固点的测定

(1)用移液管准确吸取25 mL蒸馏水,加入凝固点管中,安上探头、搅拌器,并塞紧橡皮塞(注意:探头应离开管底0.5 cm左右,不应与任何物质相碰,但也要保持探头浸到溶液中)。记录溶剂温度。

(2)将凝固点管直接插入冰浴中,上下移动内、外搅拌器,使溶剂逐步冷却至温度温差仪显示的数字不变(即温度不再下降,反而略有回升,说明此时晶体已开始析出,直到温度升至最高并恒定一段时间,记下最低时的温度和恒定温度),即为粗测凝固点。记录数字温度温差仪上显示的温差数据。取出凝固点管,用手温热,使管中固体全部熔化。

(3)再将凝固点管直接插入制冷剂中,缓慢移动内搅拌器,使溶剂较快地冷却至粗测凝固点以上0.2 ℃,此时迅速取出凝固点管,擦干后插入空气套管中(注意:空气套管尽量插入冰浴中,但不能让冰水浸到管中,以防水渗入管。空气套管有助于消除由于溶液冷却过快造成的误差)。缓慢而均匀地搅拌(约每秒一次),使蒸馏水温度均匀地逐步降低。当温度低于粗测凝固点0.2 ℃左右时应急速搅拌(防止过冷超过0.5 ℃),促使固体析出。当固体析出时,温度开始上升,立即改为缓慢搅拌(约每秒一次),连续记录温度回升后数字温度温差仪上读数(每15 s记一次,记录温差),直至温度回升到一定程度不再改变,持续1 min,则可停止实验。此温度即为蒸馏水的精确凝固点。取出凝固点管用手温热,使管中固体全部熔化。

重复测量 3 次,要求溶剂凝固点的绝对平均误差小于±0.003 ℃。

4. 溶液凝固点的测定

取出凝固点管,将蔗糖放在光洁的纸上,在电子天平上精确称量(所加的量约使溶液的凝固点降低 0.2 ℃左右),将蔗糖小心倒入蒸馏水中,待蔗糖完全溶解后,按测定纯溶剂凝固点的方法测出此溶液的粗测凝固点,然后再精确测量 3 次。溶液的凝固点是取过冷后温度回升所达到的最高温度。要求 3 次测量的绝对平均误差小于±0.003 ℃。

数据记录及处理

(1) 不含空气的纯水密度见表 6-1-2,算出所取蒸馏水的质量 W_A。

表 6-1-2　不含空气的纯水密度

$T/℃$	5	10	12	14	16	18	20
$\rho/(kg \cdot L^{-1})$	0.999 99	0.999 73	0.999 52	0.999 27	0.998 97	0.998 62	0.998 23

(2) 计算蔗糖的摩尔质量。

(3) 计算实验值与理论值的误差并分析原因。

实验注意事项

(1) 注意控制过冷过程和搅拌速度。

(2) 注意冰水混合物不要积累得太多而从上面溢出;高温、高湿季节不宜做此实验,因为水蒸气易进入系统中,造成测量结果偏低。较简便的方法是将空气套管从冰浴中交替地(速度较快)取出和浸入。

思考题

(1) 在冷却过程中,凝固点管管内液体有哪些热交换存在?它们对凝固点的测定有何影响?

(2) 溶质在溶液中解离、缔合、溶剂化和形成配合物,对测定的结果有何影响?

(3) 加入溶剂中溶质的量应如何确定?加入量过多或过少将会有何影响?

(4) 为什么纯溶剂和溶液的步冷曲线不同?如何根据步冷曲线确定凝固点?为什么在温度降低至接近凝固点时要停止搅拌?

实验三　双液系的气-液平衡相图

实验目的

(1) 掌握测定双组分液体的沸点的方法。

（2）绘制标准压力（$p^{\ominus}$）下环己烷-乙醇双液系的气-液平衡相图,了解相图和相律的基本概念。

（3）学会阿贝折射仪的使用,掌握用折射率确定二元液体组成的方法。

实验原理

在常温下,任意两种液体混合组成的系统称为双液系统。若两液体能按任意比例相互溶解,则称为完全互溶双液系统;若只能部分互溶,则称为部分互溶双液系统。液体的沸点是指液体的蒸气压与外界大气压相等时的温度。在一定的外压下,纯液体有确定的沸点。而双液系统的沸点不仅与外压有关,还与双液系统的组成有关。图 6-1-7 是一种最简单的完全互溶双液系统的 $T\text{-}x$ 图。图中纵轴是温度（沸点）T,横轴是液体 B 的摩尔分数 x_B（或质量分数）,上面一条是气相线,下面一条是液相线,对应于同一沸点温度的两曲线上的两个点,就是互相成平衡的气相点和液相点,其相应的组成可从横轴上获得。因此如果在恒压下将溶液蒸馏,测定气相馏出液和液相蒸馏液的组成就能绘出 $T\text{-}x$ 图。

如果液体与拉乌尔定律的偏差不大,在 $T\text{-}x$ 图上溶液的沸点介于 A、B 纯液体的沸点之间（图 6-1-7）,实际溶液由于 A、B 两组分的相互影响,常与拉乌尔定律有较大偏差,在 $T\text{-}x$ 图上会有最高或最低点出现,如图 6-1-8 所示,这些点称为共沸点,其相应的溶液称为共沸混合物。共沸混合物蒸馏时,所得的气相与液相组成相同,靠蒸馏无法改变其组成。如 HCl 与水的系统具有最高共沸点,苯与乙醇的系统则具有最低共沸点。

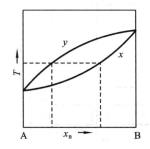 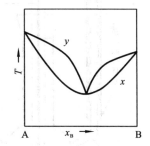

图 6-1-7　完全互溶双液系统的　　　　图 6-1-8　完全互溶双液系统的
　　　　一种蒸馏相图　　　　　　　　　　　另一种蒸馏相图

本实验是用回流冷凝法测绘环己烷-乙醇系统的沸点-组成图。其方法是用阿贝折射仪测定不同组成的系统在沸点温度时气、液相的折射率,再从折射率-组成工作曲线上查得相应的组成,然后绘制沸点-组成图。

实验仪器及试剂

FDY 双液系沸点测定仪;SWJ 精密数字温度计或水银温度计;WLS-2 数字恒流

电源;玻璃沸点仪;SYC 超级恒温槽;阿贝折射仪;移液管(1 mL);玻璃漏斗(直径 5 cm);量筒;小试管(带玻璃磨口塞);长滴管;电吹风(4 个);烧杯(50 mL,250 mL)。

环己烷(分析纯);无水乙醇(分析纯);丙酮(分析纯);重蒸水;冰块。

实验步骤

1. 工作曲线的绘制

(1) 配制环己烷摩尔分数为 0.10、0.20、0.30、0.40、0.50、0.60、0.70、0.80、0.90 的环己烷-乙醇溶液各 10 mL。计算所需环己烷和乙醇的质量,并用分析天平准确称取。为避免样品挥发带来的误差,称量应尽可能迅速。各个溶液的确切组成可按实际称样结果精确计算。

(2) 调节超级恒温水浴温度,使阿贝折射仪上的温度计读数保持在某一定值。分别测定上述 9 个溶液以及乙醇和环己烷的折射率。为适应季节的变化,可选择若干个温度进行测定,通常可为 25 ℃、35 ℃。

(3) 用较大的坐标纸绘制若干条不同温度下的折射率-组成工作曲线。

2. 沸点的测定

(1) 根据图 6-1-9 所示将已洗净、干燥的沸点测定仪安装好。检查带有温度计的软木塞是否塞紧。电热丝要靠近烧瓶底部的中心。温度计水银球(或传感器)的位置应处在支管之下,但至少要高于电热丝 2 cm。

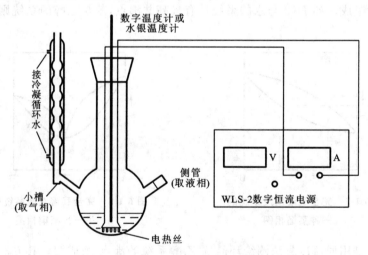

图 6-1-9　沸点测定仪示意图

(2) 借助玻璃漏斗将 20 mL 无水乙醇由侧管加入蒸馏瓶内,并使传感器浸入溶液 3 cm 左右。接通冷凝水,并将电热丝接通恒流电源,将电流调节至 0.5 A,使电热丝将液体加热至缓慢沸腾,再调节电压(或电流)和冷却水流量,使蒸气在冷凝管中回流的高度保持在 1.5 cm 左右,待温度基本恒定后,再连同支架一起倾斜蒸馏瓶,使小槽中气相冷凝液倾回蒸馏瓶内,重复 3 次,记下乙醇的沸点及大气压力。

(3) 通过侧管加 0.5 mL 环己烷于蒸馏瓶中,加热至沸腾,待温度变化缓慢时,同上法回流 3 次,温度基本不变时记下沸点,停止加热。从小槽中吸取气相冷凝液,从侧管处吸出少许液相混合液,样品可分别储存在带磨口塞的试管中并做好标记。试管应放在盛冰水的烧杯内,以防样品挥发。样品的转移要迅速,并应尽早测定其折射率。操作熟练后也可将样品直接滴在折射仪毛玻璃上进行测定。

(4) 依次再加入 1 mL、2 mL、4 mL、12 mL 环己烷,同上法测定溶液的沸点并吸取气、液相样品。

(5) 将溶液倒入回收瓶,用电吹风吹干蒸馏瓶。

(6) 从侧管加入 20 mL 环己烷,测其沸点。

(7) 依次加入 0.2 mL、0.4 mL、0.8 mL、1.0 mL、2.0 mL 乙醇,按上法测其沸点,吸取气、液相样品。

(8) 关闭仪器和冷凝水,将溶液倒入回收瓶,并清洗仪器。

3. 折射率的测定

在阿贝折射仪上测定所吸取样品的折射率。

实验注意事项

(1) 电热丝一定要被待测液体浸没,否则通电加热时可能会引起有机液体燃烧。

(2) 温度传感器不要直接接触到电热丝。

(3) 实验中应尽可能避免过热现象,加热功率不能太大,电热丝上有小气泡逸出即可。

(4) 在每一份样品的蒸馏过程中,由于整个系统的成分不可能保持恒定,因此平衡温度会略有变化,特别是当溶液中两种组成的量相差较大时,变化更为明显。为此每加入一次样品后,只要待溶液沸腾,正常回流 1～2 min 后,即可取样测定,不宜等待时间过长。

(5) 每次取样量不宜过多,取样时毛细滴管一定要干燥,不能留有上次的残液,气相取样口的残液亦要擦干净。

(6) 取样时必须先切断加热电源。

(7) 整个实验过程中,通过阿贝折射仪的水温要恒定。使用阿贝折射仪时,棱镜不能触及硬物(如滴管),擦拭棱镜须用擦镜纸单向擦拭,不要来回擦拭。

数据记录及处理

(1) 将实验中测得的折射率-组成数据列表,并绘制成工作曲线。

(2) 将实验中测得的沸点-折射率数据列表,并从工作曲线上查得相应的组成,从而获得沸点与组成的关系。

(3) 绘制沸点-组成图,并标明最低共沸点和组成。

思考题

(1) 在该实验中,测定工作曲线时折射仪的恒温温度与测定样品时折射仪的恒温温度是否需要保持一致? 为什么?

(2) 过热现象对实验产生什么影响? 如何在实验中尽可能避免?

(3) 在连续测定实验中,样品的加入量应十分精确吗? 为什么?

(4) 试估计哪些因素是本实验的误差主要来源。

实验四　纯液体饱和蒸气压的测量

实验目的

(1) 明确气液两相平衡的概念、纯液体饱和蒸气压的定义和克劳修斯-克拉贝龙方程式的意义。

(2) 掌握用数字真空计测量不同温度下乙醇的饱和蒸气压,初步掌握低温真空技术。

(3) 学会用图解法求被测液体在实验温度范围内的平均摩尔汽化热与正常沸点。

实验原理

1. 饱和蒸气压

在一抽真空的密闭容器中,当温度一定时,某一物质的液体和气体可达成一种动态平衡,即单位时间内由液体分子变为气体分子的数目与由气体分子变为液体分子的数目相同,宏观上说,气体的凝集速度与液体的蒸发速度相同,这种状态称为气-液平衡。处于气-液平衡的气体称为饱和蒸气,液体称为饱和液体。在一定温度下,与液体成平衡的饱和蒸气所具有的压力称为饱和蒸气压。

2. 纯液体饱和蒸气压与温度的关系

纯液体的饱和蒸气压随温度变化而改变,它们之间的关系可用克劳修斯-克拉贝龙方程式来表示:

$$\frac{\mathrm{d}\ln p^{*}}{\mathrm{d}T} = \frac{\Delta_{\mathrm{vap}}H_{\mathrm{m}}}{RT^{2}} \tag{6-1-9}$$

式中:p——纯液体在温度 T 时的饱和蒸气压;

　　　T——热力学温度;

　　　$\Delta_{\mathrm{vap}}H_{\mathrm{m}}$——液体摩尔汽化热;

　　　R——摩尔气体常数。

如果温度变化范围不大,$\Delta_{\mathrm{vap}}H_{\mathrm{m}}$ 可视为常数,即可作为该温度范围内的平均摩尔汽化热。将式(6-1-9)进行积分,其不定积分形式为

$$\ln(p^*/p^{\ominus}) = \frac{-\Delta_{vap}H_m}{RT} + C \tag{6-1-10}$$

式中:C——积分常数,它随压力的单位不同而不同。

3. 纯液体平均摩尔汽化热$\overline{\Delta_{vap}H_m}$的确定

由不定积分形式可知,在一定温度范围内,测定不同温度下的饱和蒸气压,以$\ln p$对$1/T$作图可得一直线,由该直线的斜率可求得实验温度范围内液体的平均摩尔汽化热$\overline{\Delta_{vap}H_m}$。

4. 纯液体沸点的确定

当蒸气压等于外压时,液体沸腾,此时的温度称为沸点。

当外压为$p^{\ominus}$时,液体的蒸气压与外压相等时的温度称为该液体的正常沸点。

5. 测定饱和蒸气压常用的方法

测定饱和蒸气压常用的方法有动态法、静态法、饱和气流法等。本实验采用静态法。

静态法:将待测物质放在一密闭的系统中,在不同的外压下测量相应的沸点。此法适用于蒸气压较大的液体。此法要求系统内无杂质气体。

动态法:对液体加一定的压力并测定它的沸点,或者说,在不同的外压下,测定液体的沸点。这种方法装置较简单,只要一个带冷凝管的烧瓶与压力计及抽气系统连接起来即可。实验时,先将系统抽气至一定的真空度,测定此压力下液体的沸点,然后逐次往系统放进空气增加外压(由压力计测知),并每次测定相应的沸点。此法适用于高沸点液体。

饱和气流法:在一定的温度和压力下,将载气缓慢地通过待测物质,使载气为待测物质的蒸气所饱和,然后用其他的物质吸收载气中待测物质的蒸气,测定一定体积的载气中待测物质蒸气的质量,即可计算其分压。此法一般适用于常温下蒸气压较低的待测物质的平衡压力的测量。

实验仪器及试剂

蒸气压测定装置(U形等位计,冷凝管);真空泵;缓冲储气罐;DP-AF精密数字压力计;玻璃恒温水浴;恒温控制仪。

乙醇(分析纯)。

实验步骤

(1)用橡胶管将各仪器连接成饱和蒸气压实验装置,如图6-1-10所示。

(2)U形等位计中液体的灌装:从加样口注入乙醇,用洗耳球鼓气,将其压入试液球中,至2/3高度为宜。

(3)缓冲储气罐储压。

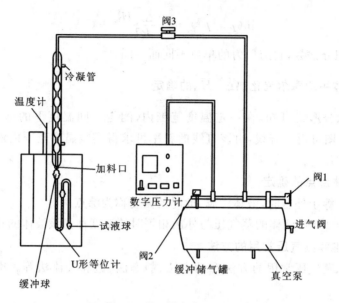

图 6-1-10　饱和蒸气压实验装置

① 储压。

将缓冲储气罐进气阀与气泵连接,安装时应注意连接管插入接口的深度要大于15 mm,否则会影响气密性。将进气阀打开,阀 1、2 皆关闭(顺时针关闭,逆时针开启)。启动真空泵抽气减压至数字压力计的显示值为 -98 kPa 左右即可。

② 储气罐检漏。

关闭进气阀,真空泵停止工作。确保阀 3 关闭,储气罐与系统连接断开,逆时针旋转阀 2 至开启,观察数字压力计,若显示值的下降值在标准范围内(小于 0.01 kPa・s^{-1}),说明储气罐气密性良好。否则需检查进气阀、阀 1 是否拧紧或密封圈是否有损坏。

③ 微调部分的气密性检查。

关闭阀 2,用阀 1 缓慢调整压力,使之低于储气罐中压力的 1/2,观察数字压力计,若其变化值在标准范围内(小于 ±0.002 5 kPa・s^{-1}),说明储气罐气密性良好。若压力值上升超过标准,说明阀 2 泄漏;若压力值下降超过标准,说明阀 1 泄漏。

(4) 系统检漏。

打开阀 3,缓慢旋转阀 2,使系统减压至数字压力表显示 -70 kPa 左右,关闭阀 2,观察数字压力计,若显示值的下降值在标准范围内(小于 0.01 kPa・s^{-1}),说明蒸气压测定装置气密性良好。否则需检查玻璃磨口是否密合。

(5) 测量。

开启冷却水,调节恒温槽温度为 25 ℃(夏天则从 30 ℃开始);当温度达到设定温度时,开启阀 2 缓缓抽气,U 形等位计(即平衡管)中试液球与缓冲球之间的空气呈气泡状逸出(此时试液球内液体开始沸腾),如发现气泡成串上窜(此时液体已沸腾),可关闭阀 2,缓缓打开阀 1,适当漏入空气使沸腾缓和,随即关闭阀 1,保持排气 5～6 min,使试液球中的空气尽量排除干净,当温度达到待测温度时,恒温 5 min 左右,再缓慢打开阀 1,适当漏入空气,使 U 形管两臂的液面等高为止,此时试液球上部的压力就与数字压力计显示值相等,读出数字压力计显示的压力值。重复操作 2 次,2 次差值应不大于±67 Pa,此时可认为试液球与缓冲球之间的空间已全部为乙醇的蒸气所充满。

调节恒温槽温度为 30 ℃、35 ℃、40 ℃、45 ℃、50 ℃,温度到达后恒温约 5 min,按同样的方法测定不同温度下乙醇的饱和蒸气压。

测定过程中如不慎使空气倒灌进入试液球上部,则需重新抽真空(需抽气 5～6 min 才可进一步测定)。

升温过程中为了避免 U 形管中乙醇暴沸及试液球内的乙醇挥发而减少,可适当漏入少量空气使 U 形管两液面高度在升温过程中始终相差不太多。

实验结束后,缓慢打开阀 1,使数字压力计恢复常压。打开进气阀,释放储气罐中的压力,使整个系统处于常压下备用。

数据记录及处理

(1) 设计实验数据记录表(表 6-1-3),正确记录原始数据,并填入结果。

表 6-1-3　饱和蒸气压的测量

$t/℃$						
T/K						
$p_表/Pa$						
p^*/Pa						
$\ln p$						

注:$p^* = p_0 + p_表$,室内气压 $p_0 =$ 　　Pa。

(2) 绘制 $\ln p$-$1/T$ 图,由直线斜率求得实验温度范围内乙醇的平均摩尔汽化热 $\overline{\Delta_{vap}H_m}$。

(3) 由 $\ln(p^*/p^{\ominus}) = \dfrac{-\Delta_{vap}H_m}{RT} + C$,将 $p^{\ominus} = 101\ 325$ Pa 代入,确定乙醇的正常沸点。

实验注意事项

(1) 先开启冷却水,然后才能减压。

(2) U 形等位计必须放置于恒温水浴的液面以下,以保证试液温度的准确度。

(3) 系统一定要检漏。

(4) 阀 1 和阀 2 的调节是关系到实验成败的主要因素之一,因此实验时一定要仔细、缓慢地调节,阀的开启、关闭不可用力过猛,以防损坏,影响气密性。

（5）缓和沸腾，保持 5～6 min，使试液球中的空气排除，而且严格控制温度，一定要等 U 形等位计测量管中试液与水浴温度一致后才能测定。

（6）升温过程中为了避免 U 形管中乙醇暴沸，要适当漏入少量空气，而操作时要格外小心，以免空气倒灌进入试液球上部。

思考题

（1）克劳修斯-克拉贝龙方程式在什么条件下适用？

（2）如果平衡管内空气未被驱除干净，对实验结果有何影响？

（3）本实验的方法能否用于测定溶液的蒸气压？为什么？

（4）测定装置中安置缓冲储气罐起什么作用？

实验五　二组分固-液相图的测绘

实验目的

（1）了解固-液相图的基本特点。

（2）学会用热分析法测绘 Pb-Sn 二元组分金属相图，掌握用步冷曲线法测绘相图的原理。

实验原理

1. 二组分固-液相图

人们常用图形来表示系统的存在状态与组成、温度、压力等因素的关系。以系统所含组成为自变量，温度为因变量所得到的 $T\text{-}x$ 图是常见的一种相图。二组分相图已得到广泛的研究和应用。固-液相图多用于冶金、化工等领域。

二组分系统的自由度与相的数目有以下关系：

$$自由度 ＝ 组分数 － 相数 ＋ 2$$

由于一般物质其固、液两相的摩尔体积相差不大，所以固-液相图受外界压力的影响颇小。这是它与气-液平衡系统最大的差别。因此上式可变为

$$自由度 ＝ 组分数 － 相数 ＋ 1$$

2. 热分析法和步冷曲线

测绘金属相图常用的实验方法是热分析法，其原理是将一种金属或合金熔融后，使之均匀冷却，每隔一定时间记录一次温度，所得到的表示温度与时间关系的曲线叫步冷曲线。当熔融系统在均匀冷却过程中无相变化时，其温度将连续均匀下降，得到一光滑的冷却曲线；当系统内发生相变时，系统放出的相变热将全部或部分抵偿系统自然冷却时放出的热量，根据相律，此时步冷曲线就会出现转折或水平线段，转折点所对应的温度，即为该系统的相变温度。利用步冷曲线所得到的一系列组成和所对应的相变温度数据，以横轴表示混合物的组成，纵轴上标出开始出现相变的温度，把

这些点连接起来,就可绘出相图。

二元简单低共熔系统的步冷曲线如图 6-1-11 所示。

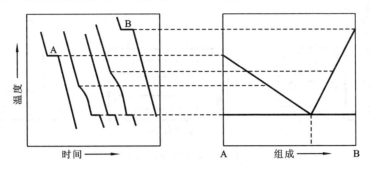

图 6-1-11 根据步冷曲线绘制相图

用热分析法测绘相图时,被测系统必须时时处于或接近相平衡状态,因此必须保证冷却速度足够慢才能得到较好的效果。此外,在冷却过程中,一个新的固相出现以前,常常发生过冷现象,轻微过冷有利于测量相变温度;严重过冷现象却会使转折点发生起伏,使相变温度的确定产生困难(图 6-1-12)。

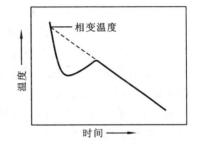

图 6-1-12 有过冷现象时的步冷曲线

实验仪器及试剂

KWL 可控升降温度电炉(1 000 W);硬质玻璃套管(8 只);炉膛保护筒;SWKY 数字控温仪;托盘天平(精确至 0.1 g);安装有金属相图软件的计算机。

Sn(化学纯);Pb(化学纯);石墨粉(化学纯)。

实验步骤

1. 样品配制

用感量为 0.1 g 的托盘天平分别称取纯 Sn、纯 Pb 各 50 g,另配制含 Sn 20%、30%、40%、60%、70%、80% 的 Pb、Sn 混合物各 50 g,分别置于硬质玻璃套管中,在样品表面覆盖一层石墨粉,以防金属在加热过程中接触空气而被氧化。

2. 绘制步冷曲线

(1) 按图 6-1-13 所示,将 SWKY 数字控温仪、KWL 可控升降温度电炉及计算机连接好,接通电源。将电炉置于外控状态,加热量与冷风量调节旋钮置于"0"。

(2) 预先将不锈钢炉膛保护筒放进炉膛内,然后把料管和传感器(PT100)放在保护筒内。SWKY 数字控温仪置于"置数"状态,设定温度为 370 ℃(参考值,一般为样品熔点以上 50 ℃左右),再将控温仪置于"工作"状态,"加热量"调节旋钮顺时针调至最大,加热使样品熔化。

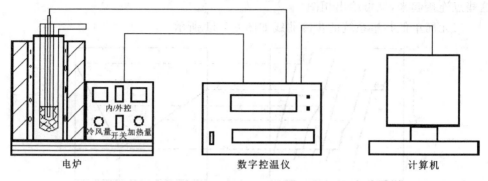

图 6-1-13　步冷曲线测量装置

（3）待温度达到设定温度后，保持 2～3 min，再将传感器取出并插入玻璃套管中。等温度再一次达到设定温度后保温 2～3 min。

（4）将控温仪置于"置数"状态，"加热量"调节旋钮逆时针调至"0"，停止加热。调节"冷风量"调节旋钮（电压调至 6 V 左右），使冷却速度保持在 4～6 ℃/min，设置控温仪的定时间隔，30 s（根据实际情况而定）记录温度一次（同时开启计算机，打开金属相图软件，实时画出步冷曲线），直到温度降至步冷曲线后一个平台以下，调节"冷风量"调节旋钮至"0"，结束一组实验，得出该配比样品的步冷曲线数据。

（5）重复步骤（2）至步骤（4），依次测出所配各样品的步冷曲线数据。

（6）根据所测数据，绘出相应的步冷曲线图。再进行 Pb-Sn 二组分系统相图的绘制。标出相图中各区域的相平衡。

实验注意事项

（1）加热之初，应将传感器置于炉膛内；冷却时，将传感器放入玻璃套管中，以防温度过高。

（2）设定温度不能太高，一般不超过金属（合金）熔点的 30～50 ℃，以防金属氧化。混合物的熔点见表 6-1-4。

（3）冷却速度不宜过快，以防曲线转折点不明显。合金有两个转折点，必须待第二个转折点测完后方可停止实验，否则须重新测定。

表 6-1-4　Pb-Sn 混合物的熔点

$w_{Pb}/(\%)$	100	90	80	70	60	50	40	30	20	10	0
$w_{Sn}/(\%)$	0	10	20	30	40	50	60	70	80	90	100
熔点/℃	326	295	276	262	240	220	190	185	200	216	232

数据记录及处理

（1）利用所得步冷曲线，找出各步冷曲线中拐点和平台对应的温度值，绘制

Pb-Sn二组分系统的相图,并标出相图中各区域的相平衡。

（2）以温度为纵坐标,以组成为横坐标,绘出 Pb-Sn 合金相图,标出相图中各区域的相平衡。

思考题

（1）步冷曲线各段的斜率以及水平段的长短与哪些因素有关?

（2）根据实验结果讨论各步冷曲线的降温速度控制是否得当。

第二节　综合性实验

实验六　配合物组成和稳定常数的测定

实验目的

（1）用分光光度法测定配合物的组成和稳定常数。

（2）掌握测量原理和分光光度计的使用方法。

实验原理

溶液中金属离子 M 和配体 L 形成 ML_n 配合物,其反应式为

$$M + nL \rightleftharpoons ML_n$$

当达到配位平衡时

$$K = \frac{[ML_n]}{[M][L]^n} \tag{6-2-1}$$

式中:K——配合物稳定常数;

　　　$[M]$——金属离子浓度;

　　　$[L]$——配体浓度;

　　　$[ML_n]$——配合物浓度。

在维持金属离子及配体浓度之和（$[M]+[L]$）不变的条件下,改变$[M]$及$[L]$,则当$[L]/[M] = n$时,配合物浓度达到最大。

如果在可见光某个波长区域,配合物 ML_n 有强烈吸收,而金属离子 M 及配体 L 几乎不吸收,则可用分光光度法测定配合物组成及配合物稳定常数。

根据朗伯-比耳定律,入射光强度 I_0 与透射光强度 I 之间有下列关系:

$$I = I_0 e^{-\varepsilon cd} \tag{6-2-2}$$

$$\ln \frac{I_0}{I} = \varepsilon cd \tag{6-2-3}$$

令　　　　　　　　　$$A = 2.303 \lg \frac{I_0}{I} = \varepsilon cd \tag{6-2-4}$$

式中:A——吸光度;

  ε——摩尔吸光系数,对于一定溶质、溶剂及一定波长,ε 是常数;

  d—— 溶液厚度;

  c——样品浓度;

  $\dfrac{I_0}{I}$——透射比。

在维持[M]+[L]不变的条件下,配制一系列不同的[L]/[M]组成的混合溶液。测定[M]=0、[L]=0 及[L]/[M]居中间数值的三种溶液的 A、λ 数据。找出混合溶液有最大吸收,而 M、L 几乎不吸收的波长 λ 值,则该 λ 值极接近于配合物 ML_n 的最大吸收波长。然后固定在该波长下,测定一系列混合溶液的吸光度 A,作 A 对[M]/([M]+[L])的曲线,则曲线必存在着极大值,而极大值所对应的溶液组成就是配合物的组成,如图 6-2-1 所示。但是由于金属离子 M 及配体 L 实际存在着一定程度的吸收。因此所观察到的吸光度 A 并不是完全由配合物 ML_n 的吸收所引起的,必须加以校正。校正方法如下。

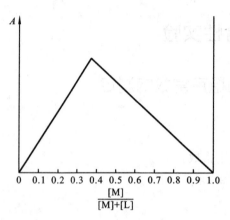

图 6-2-1 A 对[M]/([M]+[L])曲线

在 A 对[M]/([M]+[L])曲线上,过[M]=0 及[L]=0 的两点作直线 MN,则直线上所表示的不同组成的吸光度数值,可认为是由于 M 及 L 的吸收所引起的。因此,校正后的吸光度 A' 应等于曲线上的吸光度数值减去相应组成直线上的吸光度数值,即 $A'=A-A_{校}$,如图 6-2-2(a)所示。最后作校正后的吸光度 A' 对[M]/([M]+[L])的曲线,该曲线极大值所对应的组成才是配合物的实际组成,如图 6-2-2(b)所示。

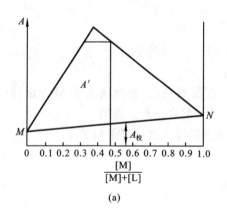

(a)

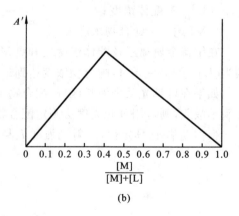

(b)

图 6-2-2 校正曲线

设 x_{max} 为曲线极大值所对应的组成，即

$$x_{max} = \frac{[M]}{[M]+[L]} \tag{6-2-5}$$

则配位数为

$$n = \frac{[L]}{[M]} = \frac{1-x_{max}}{x_{max}} \tag{6-2-6}$$

当配合物组成已经确定之后，就可以根据下述方法确定配合物稳定常数。设开始时金属离子浓度 $[M]$ 和配体浓度 $[L]$ 分别为 a 和 b，而达到配位平衡时配合物浓度为 c，则 $K = \frac{c}{(a-c)(b-nc)^n}$。由于吸光度已经通过上述方法进行校正，因此可以认为校正后，溶液吸光度正比于配合物的浓度。如果在两个不同的 $[M]+[L]$ 总浓度下，作两条吸光度对 $[M]/([M]+[L])$ 的曲线（图6-2-3）。在这两条曲线上找出吸光度相同的两点，即在 A' 约为0.3处，作横轴的平行线 AB 交曲线Ⅰ、Ⅱ于 C、D 两点，此两点所对应的溶液的配合

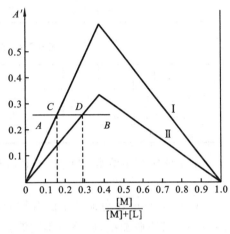

图 6-2-3

物浓度 $[ML_n]$ 应相同 $(c_1=c_2)$。设对应于两条曲线的起始金属离子浓度 $[M]$ 及配体浓度 $[L]$ 分别为 a_1、b_1 和 a_2、b_2，则

$$K = \frac{c}{(a_1-c)(b_1-nc)^n} = \frac{c}{(a_2-c)(b_2-nc)^n} \tag{6-2-7}$$

解上述方程可得到 c，进而即可计算配合物稳定常数 K。

实验仪器及试剂

分光光度计；pH 计。

硫酸铁铵溶液（$0.005\ mol \cdot L^{-1}$）；试钛灵（1,2-二羟基苯-3,5-二磺酸钠）溶液（$0.005\ mol \cdot L^{-1}$）；pH 值为4.6缓冲溶液（其中含有 $100\ g \cdot L^{-1}$ 乙酸铵及足够量的乙酸溶液）。

实验步骤

(1) 按 1 L 溶液含有 100 g 乙酸铵及 100 mL 冰乙酸的要求，配制乙酸-乙酸铵缓冲溶液 250 mL。

(2) 用 $0.005\ mol \cdot L^{-1}$ 硫酸铁铵溶液和 $0.005\ mol \cdot L^{-1}$ 试钛灵溶液，按表6-2-1 制备11个待测溶液样品，然后依次将各样品加水稀释至 100 mL。

(3) 把 $0.005\ mol \cdot L^{-1}$ 硫酸铁铵溶液和 $0.005\ mol \cdot L^{-1}$ 试钛灵溶液按表 6-2-1 中数值一半取样，缓冲溶液数量不变来制备第二组待测溶液样品，如表6-2-2所示。

表 6-2-1 溶液的配制(第一组)

溶液编号	1	2	3	4	5	6	7	8	9	10	11
$V_{Fe^{3+}溶液}$/mL	0	1	2	3	4	5	6	7	8	9	10
$V_{试钛灵溶液}$/mL	10	9	8	7	6	5	4	3	2	1	0
$V_{缓冲溶液}$/mL	25	25	25	25	25	25	25	25	25	25	25

表 6-2-2 溶液的配制(第二组)

溶液编号	1	2	3	4	5	6	7	8	9	10	11
$V_{Fe^{3+}溶液}$/mL	0	0.5	1	1.5	2	2.5	3	3.5	4	4.5	5
$V_{试钛灵溶液}$/mL	5	4.5	4	3.5	3	2.5	2	1.5	1	0.5	0
$V_{缓冲溶液}$/mL	25	25	25	25	25	25	25	25	25	25	25

（4）测定两组溶液 pH 值(不必所有溶液 pH 值都测定,只选取其中任一样品即可)。

（5）用 3 cm 比色皿测定配合物的最大吸收波长 λ_{max}。以蒸馏水为空白,用 6 号溶液测定其吸收曲线,即测定不同波长下的吸光度 A,找出最大吸光度所对应的波长 λ_{max},在此波长下,1 号和 11 号溶液的吸光度应接近于零。在每次改变波长时,必须重新调分光光度计的零点。

（6）测定第一组和第二组溶液在 λ_{max} 下的吸光度。

数据记录及处理

（1）作两组溶液的 A 对 $[M]/([M]+[L])$ 图。

（2）对 A 进行校正,求出各校正后的吸光度 A'。

（3）作两组溶液的 A' 对 $[M]/([M]+[L])$ 图。

（4）从 A' 对 $[M]/([M]+[L])$ 图 $A'=0.3$ 处,作平行线交两曲线于两点,求两点所对应的溶液组成(即求出 a_1、b_1 和 a_2、b_2 的值)。

（5）从 A' 对 $[M]/([M]+[L])$ 曲线的最高点所对应的 x_{max} 值,由 $n=\dfrac{[L]}{[M]}=\dfrac{1-x_{max}}{x_{max}}$ 求出 n。

（6）根据 $K=\dfrac{c}{(a_1-c)(b_1-nc)^n}=\dfrac{c}{(a_2-c)(b_2-nc)^n}$,求出 c 的值。

（7）由 c 的数值算出配合物稳定常数。

实验注意事项

（1）硫酸铁铵溶液在配制完成后,应该用滴管小心滴加几滴浓硫酸,以防微弱程度的水解。

(2) 根据测量数据画图,吸光度值 A 在校正后,两组的最大值的连线应该垂直于横坐标,这是实验成功的关键。

(3) 数据处理过程中,应严格区别组成 x 和浓度 c。

思考题

(1) 为什么只有在维持[M]+[L]不变条件下改变[M]及[L],使[L]/[M]=n 时配合物浓度才达到最大?

(2) 在两个[M]+[L]总浓度下,作出吸光度对[M]/([M]+[L])的两条曲线。在这两条曲线上,吸光度相同的两点所对应的配合物浓度相同,为什么?

(3) 使用分光光度计时应注意什么?

实验七 原电池电动势的测定

实验目的

(1) 测定 Cu-Zn 电池的电动势和 Cu、Zn 电极的电动势。

(2) 学会一些电极的制备和处理方法。

(3) 掌握电位差计的测量原理和正确使用方法。

实验原理

电池由正、负两极组成。电池在放电过程中,正极发生还原反应,负极发生氧化反应,电池内部还可能发生其他反应。电池反应是电池中所有反应的总和。

电池除可用来作为电源外,还可用来研究构成此电池的化学反应的热力学性质。从化学热力学知道,在恒温、恒压、可逆条件下,电池反应有以下关系:

$$\Delta G = -nFE \qquad (6\text{-}2\text{-}8)$$

式中:ΔG——电池反应的吉布斯自由能变;

n——电极反应中得失电子的数目;

F——法拉第常数;

E——电池的电动势。

所以测出该电池的电动势 E 后,便可求得 ΔG,进而又可求出其他热力学函数。但必须注意,首先要求电池反应必须是可逆的,即要求电池电极反应是可逆的,并且不存在任何不可逆的液接界。同时要求电池必须在可逆情况下工作,即放电和充电过程都必须在准平衡状态下进行,此时只允许有无限小的电流通过电池。因此,在用电化学方法研究化学反应的热力学性质时,所设计的电池应尽量避免出现液接电势,在精确度要求不高的测量中,出现液接电势时,常用"盐桥"来消除或减小。

在进行电池电动势测量时,为了使电池反应在接近热力学可逆条件下进行,采用电位差计测量。原电池电动势主要是两个电极的电极电动势。由式(6-2-8)可推导出电池的电动势以及电极电势的表达式。下面以 Cu-Zn 电池为例进行分析。

电池表示式为　　　　　$Zn | ZnSO_4(m_1) \parallel CuSO_4(m_2) | Cu$

符号"|"代表固相(Zn 或 Cu)和液相(ZnSO$_4$ 或 CuSO$_4$)两相界面;"$\parallel$"代表连通两个液相的"盐桥";m_1 和 m_2 分别为 ZnSO$_4$ 和 CuSO$_4$ 的质量摩尔浓度。

电池反应:

负极(氧化反应)　　　　　$Zn \longrightarrow Zn^{2+}(a_{Zn^{2+}}) + 2e^-$

正极(还原反应)　　　　　$Cu^{2+}(a_{Cu^{2+}}) + 2e^- \longrightarrow Cu$

电池总反应　　　$Zn + Cu^{2+}(a_{Cu^{2+}}) \longrightarrow Zn^{2+}(a_{Zn^{2+}}) + Cu$

电池反应的吉布斯自由能变为

$$\Delta G = \Delta G^\ominus + \frac{RT}{nF} \ln \frac{a_{Zn^{2+}} \cdot a_{Cu}}{a_{Cu^{2+}} \cdot a_{Zn}} \qquad (6\text{-}2\text{-}9)$$

式中:$\Delta G^\ominus$——标准态时自由能的变化值;

a——物质的活度,纯固体物质的活度等于1。

$$a_{Zn} = a_{Cu} = 1 \qquad (6\text{-}2\text{-}10)$$

在标准态时,$a_{Zn^{2+}} = a_{Cu^{2+}} = 1$,则有

$$\Delta G^\ominus = -nFE^\ominus \qquad (6\text{-}2\text{-}11)$$

式中:$E^\ominus$——电池的标准电动势。

由式(6-2-8)至式(6-2-11)可解得

$$E = E^\ominus - \frac{RT}{nF} \ln \frac{a_{Zn^{2+}}}{a_{Cu^{2+}}} \qquad (6\text{-}2\text{-}12)$$

对于任一电池,其电动势等于两个电极电势之差值,其计算式为

$$E = \varphi_+(右,还原电极) - \varphi_-(左,氧化电极) \qquad (6\text{-}2\text{-}13)$$

对 Cu-Zn 电池而言

$$\varphi_+ = \varphi_{Cu^{2+}/Cu} - \frac{RT}{2F} \ln \frac{1}{a_{Cu^{2+}}} \qquad (6\text{-}2\text{-}14)$$

$$\varphi_- = \varphi_{Zn^{2+}/Zn} - \frac{RT}{2F} \ln \frac{1}{a_{Zn^{2+}}} \qquad (6\text{-}2\text{-}15)$$

式中:$\varphi_{Cu^{2+}/Cu}$ 和 $\varphi_{Zn^{2+}/Zn}$ 是当 $a_{Cu^{2+}} = a_{Zn^{2+}} = 1$ 时,铜电极和锌电极的标准电极电势。

对于单个离子,其活度是无法测定的,但强电解质的活度与物质的平均质量摩尔浓度和平均活度系数之间有以下关系:

$$a_{Zn^{2+}} = \gamma_\pm m_1 \qquad (6\text{-}2\text{-}16)$$

$$a_{Cu^{2+}} = \gamma_\pm m_2 \qquad (6\text{-}2\text{-}17)$$

式中:$\gamma_\pm$——离子的平均活度系数,其数值大小与物质浓度、离子的种类、实验温度等因素有关。

在电化学中,电极电势的绝对值至今无法测定,在实际测量中是以某一电极的电极电势作为零标准,然后将其他的电极(被测电极)与它组成电池,测量其电动势,则

该电动势即为该被测电极的电极电势。被测电极在电池中的正、负极性,可由它与零标准电极两者的还原电势比较而确定。通常将氢电极在氢气压力为 101 325 Pa,溶液中氢离子活度为 1 时的电极电势规定为 0 V,称为标准氢电极。

由于使用标准氢电极不方便,在实际测定时往往采用第二级标准电极,甘汞电极是其中最常用的一种。这些电极与标准氢电极比较而得到的电势已精确测出。

以上所讨论的电池在电池总反应中发生了化学变化,因而被称为化学电池。还有一类电池称为浓差电池,这种电池在净作用过程中,仅仅是一种物质从高浓度(或高压力)状态向低浓度(或低压力)状态转移,从而产生电动势。这种电池的标准电动势等于 0 V。

例如,电池 Cu│CuSO$_4$(0.010 0 mol·L^{-1})‖CuSO$_4$(0.1 000 mol·L^{-1})│Cu 就是浓差电池的一种。

电池电动势的测量工作必须在电池可逆条件下进行,人们根据对消法原理(在外电路上加一个方向相反而电动势几乎相等的电池)设计了一种电位差计,以满足测量工作的要求。必须指出,电极电势的大小,不仅与电极种类、溶液浓度有关,而且与温度有关。本实验是在实验温度下测得的电极电势 φ_T,由式(6-2-14)和式(6-2-15)可计算实验温度下的标准电极电势 $\varphi_T^{\ominus}$。为了方便比较,求出 298 K 时的标准电极电势 φ_{298}:

$$\varphi_{298}^{\ominus} = \varphi_T^{\ominus} - \alpha(T-298) - \frac{1}{2}\beta(T-298)^2 \tag{6-2-18}$$

式中:α、β——电池电极的温度系数。

实验仪器及试剂

SDC-Ⅲ数字电位差综合测试仪/UI-25 型电位差计(包括检流计、标准电池、工作电池等各 1 套);饱和甘汞电极;电极管;铜、锌电极;电极架;万用表;烧杯;吸气球。

硫酸锌溶液(0.100 0 mol·kg^{-1});硫酸铜溶液(0.010 0 mol·kg^{-1},0.100 0 mol·kg^{-1});饱和 KCl 溶液。

砂纸。

实验步骤

1. 电极制备

(1)锌电极。

用硫酸浸洗锌电极以除去表面上的氧化层,取出后用水洗涤,再用蒸馏水淋洗,把处理好的锌电极插入清洁的电极管内并塞紧,将电极管的吸管管口插入盛有 0.100 0 mol·kg^{-1} ZnSO$_4$ 溶液的小烧杯内,用吸气球自支管抽气,将溶液吸入电极管至高出电极约 1 cm,停止抽气,旋紧活夹,电极的虹吸管内(包括管口)不可有气泡,也不能有漏液现象。

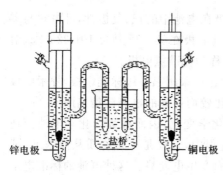

锌电极　　　　盐桥　　　　铜电极

图 6-2-4　Cu-Zn 电池装置示意图

(2) 铜电极。

将铜电极在约 $6\ mol \cdot L^{-1}$ 的硝酸溶液内浸洗，除去氧化层和杂物，然后取出用水冲洗，再用蒸馏水淋洗。装配铜电极的方法与锌电极相同。

2. 电池组合

将饱和 KCl 溶液注入 50 mL 的小烧杯内，制盐桥，再将上面制备的锌电极和铜电极置于小烧杯内，即成 Cu-Zn 电池：

$$Zn \mid ZnSO_4(0.100\ 0\ mol \cdot kg^{-1}) \parallel CuSO_4(0.100\ 0\ mol \cdot kg^{-1}) \mid Cu$$

电池装置如图 6-2-4 所示。

同样方法组成下列电池：

$$Cu \mid CuSO_4(0.010\ 0\ mol \cdot kg^{-1}) \parallel CuSO_4(0.100\ 0\ mol \cdot kg^{-1}) \mid Cu$$

$$Zn \mid ZnSO_4(0.100\ 0\ mol \cdot kg^{-1}) \parallel KCl(饱和) \mid Hg_2Cl_2 \mid Hg$$

$$Hg \mid Hg_2Cl_2 \mid KCl(饱和) \parallel CuSO_4(0.100\ 0\ mol \cdot kg^{-1}) \mid Cu$$

3. 电动势测定

(1) 按照电位差计电路图，接好电动势测量线路。

(2) 根据标准电池的温度系数，计算实验温度下的标准电池电动势。以此对电位差计进行标定。

(3) 分别测定以上四个电池的电动势。

数据记录及处理

(1) 根据饱和甘汞电极电势温度校正公式，计算实验温度时饱和甘汞电极的电极电势：

$$\varphi_{饱和甘汞} = 0.241\ 5 - 7.61 \times 10^{-4}(T - 298) \tag{6-2-19}$$

(2) 根据测定的各电池的电动势，分别计算铜、锌电极的 φ_T、$\varphi_T^{\ominus}$、$\varphi_{298}^{\ominus}$。

(3) 根据有关公式计算 Cu-Zn 电池的理论 $E_{理}$，并与实验值 $E_{实}$ 进行比较。

(4) 有关文献数据如表 6-2-3 所示。

表 6-2-3　Cu、Zn 电极的温度系数及标准电极电位

电极	电极反应式	$\alpha \times 10^3 /(V \cdot K^{-1})$	$\beta \times 10^6 /(V \cdot K^{-2})$	$\varphi_{298}^{\ominus} /V$
Cu^{2+}/Cu	$Cu^{2+} + 2e^- \rightleftharpoons Cu$	-0.016	—	$0.341\ 9$
$Zn^{2+}/Zn(Hg)$	$(Hg) + Zn^{2+} + 2e^- \rightleftharpoons Zn(Hg)$	0.100	0.62	$-0.762\ 7$

实验注意事项

(1) 电动势的测量方法在物理化学研究工作中具有重要的实际意义。通过电池电动势的测量可以获得氧化还原系统的许多热力学数据,如平衡常数、电解质活度及活度系数、解离常数、溶解度、配合常数、酸碱度以及某些热力学函数改变量等。

(2) 电动势的测量方法属于平衡测量,在测量过程中尽可能地做到在可逆条件下进行。为此应注意以下几点。

① 测量前可根据电化学基本知识,初步估算一下被测量电池的电动势大小,以便在测量时能迅速找到平衡点,这样可避免电极极化。

② 要选择最佳实验条件使电极处于平衡状态。制备锌电极要锌汞齐化,或为 $Zn(Hg)$,而不用锌棒。因为锌棒中不可避免地会含其他杂质,在溶液中本身会成为微电池。锌电极电势较低($-0.762\ 7$ V),在溶液中,氢离子会在锌的杂质(金属)上放电,锌是较活泼的金属,易被氧化。如果直接用锌棒做电极,将严重影响测量结果的准确度。锌汞齐化能使锌溶解于汞中,或者说锌原子扩散在惰性金属汞中,处于饱和的平衡状态,此时锌的活度仍等于1,氢在汞上的超电势较大,在该实验条件下,不会释放出氢气。所以汞齐化后,锌电极易建立平衡。制备铜电极也应注意:电镀前,铜电极基材表面要求平整清洁,电镀时,电流密度不宜过大,一般控制在 $20\sim 25$ mA · cm^{-2},以保证镀层紧密。电镀后,电极不宜在空气中暴露时间过长,否则镀层会被氧化,应尽快洗净,置于电极管中,用溶液浸没,并超出 1 cm 左右,放置半小时,使其建立平衡,再进行测量。

③ 为判断所测量的电动势是否为平衡电势,一般应在 15 min 左右的时间内,等间隔地测量 $7\sim 8$ 个数据。若这些数据在平均值附近摆动,偏差小于 $\pm 0.000\ 5$ V,则可以认为已达平衡,可取其平均值作为该电池的电动势。

④ 前面已讲到必须要求电池反应可逆,而且要求电池在可逆情况下工作。但严格说来,本实验测定的并不是可逆电池。因为当电池工作时,除了在负极进行 Zn 的氧化和在正极上进行 Cu^{2+} 的还原反应以外,在 $ZnSO_4$ 和 $CuSO_4$ 溶液交界处还要发生 Zn^{2+} 向 $CuSO_4$ 溶液中扩散过程。而且当有外电流反向流入电池中时,电极反应虽然可以逆向进行,但是在两溶液交界处离子的扩散与原来不同,是 Cu^{2+} 向 $ZnSO_4$ 溶液中迁移。因此整个电池的反应实际上是不可逆的。由于在组装电池时,在两溶液之间插入了"盐桥",因此可近似地当做可逆电池来处理。

思考题

(1) 在用电位差计测量电动势过程中,若检流计的光点总是向一个方向偏转,可能是什么原因?

(2) 用 $Zn(Hg)$ 与 Cu 组成电池时,有人认为锌表面有汞,因而铜应为负极,汞为正极。请分析此结论是否正确。

(3) 选择"盐桥"液应注意什么问题?

实验八　离子选择性电极的测试和应用

实验目的

(1) 了解氯离子选择性电极的基本性能及其测试方法。
(2) 掌握用氯离子选择性电极测定氯离子浓度的基本原理。
(3) 学会氯离子选择性电极的基本使用方法。

实验原理

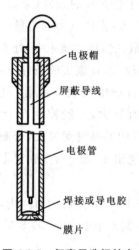

电极帽

屏蔽导线

电极管

焊接或导电胶

膜片

图 6-2-5　氯离子选择性电极结构示意图

氯离子选择性电极是一种测定水溶液中氯离子浓度的分析工具,广泛应用于水质、土壤、地质、生物、医药、食品等方面。它结构简单,使用方便。

本实验所用的电极是把 $AgCl$ 和 Ag_2S 的沉淀混合物压成膜片,用塑料管作为电极管,并经全固态工艺制成的。电极结构如图 6-2-5 所示。

1. 电极电位与离子浓度的关系

氯离子选择性电极同 $AgCl$ 电极十分相似:当它与待测溶液接触时,就发生离子交换反应,结果在电极膜片表面建立具有一定电位梯度的双电层,这样在电极与溶液之间就存在着电位差,在一定条件下,其电极电位 φ 与被测溶液中的银离子活度 a_{Ag^+} 之间有以下关系:

$$\varphi = \varphi^{\ominus}_{Ag^+/Ag} + \frac{RT}{nF}\ln a_{Ag^+} \tag{6-2-20}$$

令 $AgCl$ 的活度积为 K_{ap},即

$$K_{ap} = a_{Ag^+} \cdot a_{Cl^-}$$

式(6-2-20)可表示为

$$\varphi = \varphi^{\ominus}_{Ag^+/Ag} + \frac{RT}{nF}\ln K_{ap} - \frac{RT}{nF}\ln a_{Cl^-} \tag{6-2-21}$$

在测量时,选取饱和甘汞电极作参比电极,两者在被测溶液中组成可逆电池,若 φ_{SCE} 为饱和甘汞电极的电位,则上述可逆电池的电动势为

$$E = \varphi^{\ominus}_{Ag^+/Ag} - \varphi_{SCE} + \frac{RT}{nF}\ln K_{ap} - \frac{RT}{nF}\ln a_{Cl^-} \tag{6-2-22}$$

令

$$E^{\ominus} = \varphi^{\ominus}_{Ag^+/Ag} - \varphi_{SCE} + \frac{RT}{nF}\ln K_{ap}$$

则

$$E = E^{\ominus} - \frac{RT}{nF}\ln a_{Cl^-} \tag{6-2-23}$$

由于

$$a_{Cl^-} = c_{Cl^-}\gamma_{Cl^-}$$

式中：c_{Cl^-}、γ_{Cl^-}——氯离子的浓度和活度系数。

又令

$$E^{\ominus\prime} = E^{\ominus} - \frac{RT}{nF}\ln\gamma_{Cl^-}$$

于是有

$$E = E^{\ominus\prime} - \frac{RT}{nF}\ln c_{Cl^-} = E^{\ominus\prime} + 2.303\frac{RT}{nF}\lg c_{Cl^-} \tag{6-2-24}$$

$E^{\ominus\prime}$除与活度系数有关外，它还与膜片制备工艺有关，只有在活度系数恒定，并在一定条件下才可把它视为常数。这样一来，E 与 $\ln c_{Cl^-}$ 或 $\lg c_{Cl^-}$ 之间应呈线性关系。只要测定不同浓度的 E 值，并将 E 对 $\ln c_{Cl^-}$ 或 $\lg c_{Cl^-}$ 作图，就可了解电极的性能，并可确定其测量范围。

2. 电极的选择性和选择性系数

在同一电极膜上，往往可以有多种离子进行不同程度的交换，离子选择性电极常会受到溶液中其他离子的影响。离子选择性电极的特点就在于对其特定离子具有较好的选择性，受其他离子的干扰较小。电极选择性的好坏常用选择性系数来表示。

但是，选择性系数与测定方法、测定条件以及电极的制作工艺有关，同时也与计算时所用的公式有关。一般离子选择性电极的选择性系数 K_{ij} 可定义为

$$E = E^{\ominus} \pm \frac{RT}{nF}\ln(a_i + K_{ij}a_j^{z_i/z_j}) \tag{6-2-25}$$

式中：a_i——被测离子的活度；

$\quad z_i$——该离子所带的电荷数；

$\quad a_j$——干扰离子的活度；

$\quad z_j$——干扰离子所带的电荷数。

式中符号对阳离子取"＋"，阴离子取"－"，如用于表示 Br^- 对氯离子选择性电极的干扰，式(6-2-25)可具体表示为

$$E = E^{\ominus} - \frac{RT}{nF}\ln(a_{Cl^-} + K_{Cl^--Br^-}a_{Br^-}) \tag{6-2-26}$$

由式(6-2-25)可知，K_{ij} 越小，表示 j 离子对被测离子的干扰越小，也就表示电极的选择性越好。

测定 K_{ij} 最简单的方法是分别溶液法，就是分别测定在具有相同活度的离子 i 和 j 这两个溶液中该离子选择性电极的电极电位 E_1 和 E_2。显然，

$$E_1 = E^{\ominus} \pm \frac{RT}{nF}\ln(a_i + 0)$$

$$E_2 = E^{\ominus} \pm \frac{RT}{nF}\ln(0 + K_{ij}a_j)$$

因为 $a_i = a_j$，所以，两电位之差为

$$\Delta E = E_1 - E_2 = \pm\frac{RT}{nF}\ln K_{ij} \tag{6-2-27}$$

因此,对于阴离子选择电极,有

$$\ln K_{ij} = (E_1 - E_2)\frac{nF}{RT} \tag{6-2-28}$$

这个方法又称为分别溶液法ⅠA。

正因为选择性系数与诸多因素有关,所以在表示一个离子选择性电极时通常应注明测定方法及测定条件。这里以一支电极实测为例,列出其选择性系数供参考。当 K_{ij} 值小于 10^{-3} 时,通常认为无明显干扰。从表 6-2-4 中可定性地看出,Br^-、CN^-、SO_3^{2-} 等离子对氯离子选择性电极的干扰是相当严重的。

表 6-2-4　一些干扰离子对某 $AgCl\text{-}Ag_2S$ 膜片电极的选择系数($0.1\ mol \cdot L^{-1}$)

阴离子 j	NO_3^-	CN^-	Br^-	$C_2O_4^{2-}$	CO_3^{2-}	SO_4^{2-}	SO_3^{2-}
K_{Cl^--j}	5.5×10^{-4}	1	4	4.5×10^{-5}	4.6×10^{-5}	1×10^{-4}	0.2

实验仪器及试剂

电磁搅拌器;217 型饱和甘汞电极;SDC-Ⅲ 数字电位差综合测试仪或 PHS-2 型酸度计;容量瓶(1 000 mL,500 mL,250 mL);EDCL 型氯离子电极;移液管(50 mL)。

NaCl(分析纯);Ca(Ac)$_2$溶液(0.1%);KNO$_3$(分析纯);风干土壤样品。

实验步骤

(1) 仪器装置。

按图 6-2-6 装好仪器。附近环境应无浓盐酸等酸雾,也无强电磁场干扰。

(2) 溶液配制。

① 准确配制一系列 NaCl 标准溶液,浓度为 10.00 g · L^{-1}、5.8 g · L^{-1}、1.00 g · L^{-1}、0.100 g · L^{-1}、0.010 0 g · L^{-1}。

② 配制 0.100 mol · L^{-1} 的 KNO$_3$ 溶液和 0.100 mol · L^{-1} 的 NaCl 溶液各 500 mL。

(3) 土壤样品的处理。

① 在干燥洁净的烧杯中用台秤称取风干土壤样品 W g(约 10 g),加入 0.1%Ca(Ac)$_2$ 溶液 V mL(约 100 mL),搅动几分钟,静置,过滤。

② 用干燥洁净的吸管吸取澄清液 30～40 mL,放入干燥洁净的 50 mL 烧杯中,待测。

(4) 从稀到浓测量系列标准溶液的 E 值。

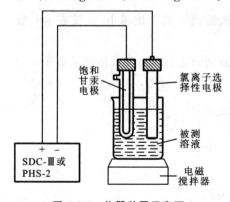

饱和甘汞电极　　氯离子选择性电极

被测溶液

SDC-Ⅲ 或 PHS-2

电磁搅拌器

图 6-2-6　仪器装置示意图

(5) 测量 0.100 mol·L^{-1} NaCl 溶液和 0.100 mol·L^{-1} KNO$_3$溶液,以及土壤样品溶液的 E 值。

(6) 洗净电极。

氯离子选择性电极宜浸在蒸馏水中,长期不用可洗净干放。但使用前需用蒸馏水充分浸泡,必要时可重新抛光膜片表面。

217 型甘汞电极(或其他双液接界甘汞电极)上半支的端部洗净后套上橡皮套放置,下半支所装饱和 KNO$_3$溶液已被 KCl 所污染,应弃去,洗净套管,与上半支分开放置。

数据记录及处理

(1) 以 E 对 lg$c$ 作图得标准曲线。

(2) 计算 $K_{Cl^- NO_3^-}$。

(3) 计算风干土壤样品中 NaCl 含量:

$$w_{NaCl} = \frac{c_2 V}{1\,000 W} \times 100\%$$

式中:c_2——从标准曲线上查得的样品溶液中 NaCl 含量。

思考题

(1) 如何确定氯离子选择性电极的测量范围? 被测溶液氯离子浓度过低或过高对测量结果有何影响?

(2) 在使用选择系数 K_{ij} 时要注意什么问题? K_{ij} 的数值等于多少? $K_{ij} \geqslant 1$ 或 $K_{ij} = 1$,分别说明什么问题?

(3) 判断下列数据(表 6-2-5)是由阴离子选择电极还是阳离子选择电极获得的。

表 6-2-5　c 与 E 数据

$c/(mol·L^{-1})$	1×10^{-4}	1×10^{-3}	1×10^{-2}	1×10^{-1}
E/mV	-100	-50	0	$+50$

实验九　化学振荡反应

实验目的

(1) 了解化学振荡反应的机理。

(2) 通过测定电位-时间曲线求得化学振荡反应的表观活化能。

(3) 初步理解自然界中普遍存在的非平衡非线性的问题。

实验原理

非平衡非线性问题是自然科学领域中普遍存在的问题,大量的研究工作正在进行。系统在远离平衡态下,由于本身的非线性动力学机制而产生的宏观时空有序结构,称为耗散结构。最典型的耗散结构是 BZ 系统的时空有序结构,为了纪念最先发现、研究这类反应的两位科学家(Belousov 和 Zhabotinski),人们将可呈现化学振荡现象的含溴酸盐的反应系统笼统地称为 BZ 振荡反应(BZ oscillating reaction)。

大量的实验研究表明,化学振荡现象的发生必须满足 3 个条件:① 必须是远离平衡的敞开系统;② 反应历程中应含有自催化步骤;③ 系统必须具有双稳态性(bistability),即可在两个稳态间来回振荡。

有关 BZ 振荡反应的机理,目前为人们所普遍接受的是 FKN 机理,即由 Field、Koros 和 Noyes 三位学者提出的机理。对于著名的化学振荡反应:

$$2BrO_3^- + 3CH_2(COOH)_2 + 2H^+ \xrightarrow{Ce^{3+},Br^-} 2BrCH(COOH)_2 + 3CO_2 + 4H_2O$$
$$(6\text{-}2\text{-}29)$$

FKN 机理认为,在硫酸介质中以铈离子作催化剂的条件下,丙二酸被溴酸盐氧化的过程至少涉及 9 个反应。

(1) 当上述反应中 $[Br^-]$ 较大时,BrO_3^- 是通过下列反应被还原为 Br_2 的。

$$Br^- + BrO_3^- + 2H^+ \longrightarrow HBrO_2 + HOBr$$
$$(k_1 = 2.1 \ mol^{-3} \cdot L^3 \cdot s^{-1}, 25 \ ℃) \qquad (6\text{-}2\text{-}30)$$

$$HBrO_2 + Br^- + H^+ \longrightarrow 2HOBr$$
$$(k_2 = 2 \times 10^9 \ mol^{-2} \cdot L^2 \cdot s^{-1}, 25 \ ℃) \qquad (6\text{-}2\text{-}31)$$

$$HOBr + Br^- + H^+ \longrightarrow Br_2 + H_2O$$
$$(k_3 = 8 \times 10^9 \ mol^{-2} \cdot L^2 \cdot s^{-1}, 25 \ ℃) \qquad (6\text{-}2\text{-}32)$$

其中反应(6-2-30)是控制步骤。上述反应产生的 Br_2 使丙二酸溴化。

$$Br_2 + CH_2(COOH)_2 \longrightarrow BrCH(COOH)_2 + Br^- + H^+$$
$$(k_4 = 1.3 \times 10^{-2} \ mol^{-2} \cdot L^2 \cdot s^{-1}, 25 \ ℃) \qquad (6\text{-}2\text{-}33)$$

因此,导致丙二酸溴化的总反应(6-2-34)为

$$BrO_3^- + 2Br^- + 3CH_2(COOH)_2 + 3H^+ \longrightarrow 3BrCH(COOH)_2 + 3H_2O \quad (6\text{-}2\text{-}34)$$

(2) 当 $[Br^-]$ 较小时,溶液中的下列反应导致了铈离子的氧化。

$$2HBrO_2 \longrightarrow BrO_3^- + HOBr + H^+$$
$$(k_5 = 4 \times 10^7 \ mol^{-1} \cdot L \cdot s^{-1}, 25 \ ℃) \qquad (6\text{-}2\text{-}35)$$

$$H^+ + BrO_3^- + HBrO_2 \longrightarrow 2BrO_2 + H_2O$$
$$(k_6 = 1 \times 10^4 \ mol^{-2} \cdot L^2 \cdot s^{-1}, 25 \ ℃) \qquad (6\text{-}2\text{-}36)$$

$$H^+ + BrO_2 + Ce^{3+} \longrightarrow HBrO_2 + Ce^{4+} \qquad (k_7, 快速) \qquad (6\text{-}2\text{-}37)$$

上面三个反应的总反应为

$$BrO_3^- + 4Ce^{3+} + 5H^+ \longrightarrow HOBr + 4Ce^{4+} + 2H_2O \qquad (6\text{-}2\text{-}38)$$

该反应是振荡反应发生所必需的自催化反应,其中反应(6-2-36)是速度控制步骤。

最后,Br^- 可通过下列两步反应而得到再生。

$$BrCH(COOH)_2 + 4Ce^{4+} + 2H_2O \longrightarrow Br^- + HCOOH + 2CO_2 + 4Ce^{3+} + 5H^+$$

$$(k_8 = 1.7 \times 10^{-2}\ s^{-1}[Ce^{4+}][BrCH(COOH)_2]$$

$$/\{0.20\ mol^{-1} + [BrCH(COOH)_2]\}, 25\ ℃) \qquad (6\text{-}2\text{-}39)$$

$$HOBr + HCOOH \longrightarrow Br^- + CO_2 + H^+ + H_2O \quad (k_9,快速) \qquad (6\text{-}2\text{-}40)$$

上述两式耦合给出的净反应为

$$BrCH(COOH)_2 + 4Ce^{4+} + HOBr + H_2O \longrightarrow 2Br^- + 3CO_2 + 4Ce^{3+} + 6H^+ \qquad (6\text{-}2\text{-}41)$$

如果将反应(6-2-34)、反应(6-2-38)和反应(6-2-41)相加就组成了反应系统中的一个振荡周期,即得到总反应式(6-2-29)。必须指出,在总反应中铈离子和溴离子已对消,起到了真正的催化作用。

综上所述,BZ 振荡反应系统中存在着两个受溴离子浓度控制的过程,即反应(6-2-34)和反应(6-2-38),$[Br^-]$ 起着转向开关的作用。当 $[Br^-] > [Br^-]_{临界}$ 时发生反应(6-2-34);而当 $[Br^-] < [Br^-]_{临界}$ 时,发生反应(6-2-38)。溴离子的临界浓度为

$$[Br^-]_{临界} = k_6[BrO_3^-]/k_2 = 5 \times 10^{-6}[BrO_3^-]$$

若已知实验的初始 $[BrO_3^-]$,由上式可估算 $[Br^-]_{临界}$。

测定、研究化学振荡反应可采用离子选择性电极法、分光光度法和电化学等方法。本实验采用电化学方法,即在不同的温度下通过测定不同 $[Ce^{4+}]$ 和 $[Ce^{3+}]$ 之比产生的电势随时间变化曲线,分别从曲线(图 6-2-9)中得到诱导时间(t_u)和振荡时间(t_z),并根据阿仑尼乌斯(Arrhenius)方程,有

$$\ln(1/t_u) = -\frac{E_u}{RT} + \ln A \qquad (6\text{-}2\text{-}42)$$

$$\ln(1/t_z) = -\frac{E_z}{RT} + \ln A \qquad (6\text{-}2\text{-}43)$$

式中:E_u、E_z——诱导表观活化能和振荡表观活化能;

    R——摩尔气体常数(8.314 J・mol^{-1}・K^{-1});

    T——热力学温度;

    A——经验常数。

分别作 $\ln(1/t_u)$-$1/T$ 和 $\ln(1/t_z)$-$1/T$ 图,最后由图中曲线的斜率分别求得表观活化能(E_u 和 E_z)。

实验仪器及试剂

NDM-I 电压测量仪(包括计算机);电磁搅拌器;SYC-15B 超级恒温槽;217 饱和甘汞电极(带 1 mol・L^{-1} H_2SO_4 盐桥);反应器(100 mL,带夹套);213 铂电极;容量瓶(100 mL);量筒(10 mL,50 mL);烧杯(50 mL,250 mL);洗瓶;搅拌子;滴管;移液管(2 mL);天平。

硫酸铈铵(分析纯);硫酸(分析纯);丙二酸(分析纯);溴酸钾(分析纯)。

实验步骤

1. 配制溶液

分别用蒸馏水配制 0.05 mol·L⁻¹ 硫酸铈铵(必须在 3 mol·L⁻¹ 硫酸介质中配制)作为母液,取 10 mL 稀释 10 倍、0.45 mol·L⁻¹ 丙二酸、0.25 mol·L⁻¹ 溴酸钾、3.00 mol·L⁻¹ 硫酸各 100 mL。

2. 准备工作

(1) 测量线路如图 6-2-7 所示。打开仪器电源预热 10 min,同时开启恒温槽电源(包括加热器的电源),并调节温度为 25 ℃(或比当时的室温高 3～5 ℃)。

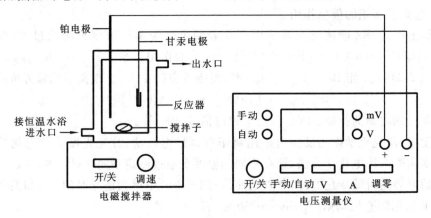

图 6-2-7　仪器装配示意图

(2) 将配制好的溴酸钾、丙二酸和硫酸溶液各 12 mL 放入已经洗干净的反应器中,同时将 12 mL 硫酸铈铵溶液在恒温槽中恒温。开启电磁搅拌器的电源,使溶液在设定的温度下恒温至少 10 min。在以下系列实验过程中尽量使搅拌子的位置和转速保持一致。

(3) 将精密数字电压测量仪置于分辨率为 0.1 mV(2 V 挡),且为手动状态,甘汞电极接负极,铂电极接正极。

(4) 通过计算机使电化学分析仪进入 Windows 工作界面,启动该实验软件。

(5) 正确选择串口、电压单位(与测压仪一致),设置坐标,如图 6-2-8 所示。

(6) 恒温 5 min 后,加入 10 mL 硫酸铈铵溶液,点击"开始绘图"按钮;绘图区开始绘图,同时在实时框中显示实时电压。此时曲线(电位)会发生突跃,同时注意溶液颜色的变化。经过一段时间的"诱导",开始振荡反应,此后的曲线呈现有规律的周期变化,如图 6-2-9 所示,电位首次降至最低时记下时间 t_u,然后记录振荡周期 t_z。

(7) 绘图完毕后,点击"停止绘图"。点击"保存",保存数据文件。点击"清屏",可清除屏幕曲线,重新设置坐标,在不同温度下进行测试。

(8) 取出电极,洗净反应器和所有用过的电极,更换反应溶液,将恒温槽温度调

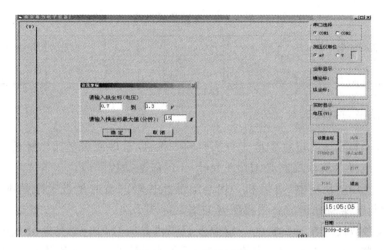

图 6-2-8 坐标设置图

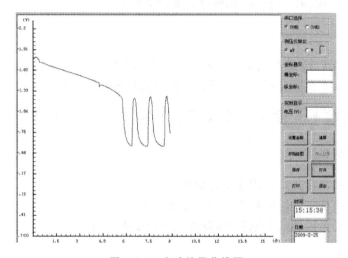

图 6-2-9 实验结果曲线图

至 30 ℃、35 ℃、40 ℃、45 ℃、50 ℃，然后重复上述步骤进行测量。至少测量 6 个温度下的曲线。

数据记录及处理

（1）分别从各条曲线中找出诱导时间（t_u）和振荡周期（t_z），并列表（可参考表 6-2-6）。

（2）根据计算结果分别作 $\ln(1/t_u)$-$1/T$ 和 $\ln(1/t_z)$-$1/T$ 图。

（3）根据图中直线的斜率分别求出诱导表观活化能（E_u）和振荡表观活化能（E_z）。

表 6-2-6　实验记录表格

温度/K	$1/T$	t_u	$\ln(1/t_u)$	t_z	$\ln(1/t_z)$

实验注意事项

(1) 为了防止参比电极中离子对实验的干扰,以及溶液对参比电极的干扰,所用的饱和甘汞电极与溶液之间必须用 1 mol·L^{-1} 硫酸盐桥隔离。

(2) 所使用的反应器、电极和一切与溶液相接触的器皿是否干净是本实验成败的关键,故每次实验完毕后必须将所有的用具冲洗干净。

(3) 大多数反应在所研究的一定温度范围内是符合阿仑尼乌斯公式的,包括基元反应和一些复杂反应。只是复杂反应的活化能是组成该反应各基元步骤的活化能的代数和。通常,复杂反应的活化能称为表观活化能。

思考题

(1) 影响诱导期、周期及振荡寿命的主要因素有哪些?

(2) 为什么在实验过程中应尽量使搅拌子的位置和转速保持一致?

实验十　旋光法测定蔗糖转化反应的速率常数

实验目的

(1) 测定蔗糖转化反应的速率常数和半衰期。

(2) 了解该反应的反应物浓度与旋光度之间的关系。

(3) 了解旋光仪的基本原理,掌握旋光仪的正确使用方法。

实验原理

1. 蔗糖在水中的转化

蔗糖在水中转化成葡萄糖和果糖,其反应式为

$$C_{12}H_{22}O_{11}(蔗糖) + H_2O \Longrightarrow C_6H_{12}O_6(葡萄糖) + C_6H_{12}O_6(果糖)$$

它是一个二级反应,在纯水中反应极慢,通常需在 H$^+$ 催化作用下进行。由于反应时水是大大过量的,可近似认为整个反应过程中水的浓度是恒定的,因此蔗糖转化反应可认为是一级反应。一级反应速率方程为

$$-\frac{\mathrm{d}c}{\mathrm{d}t} = kt \tag{6-2-44}$$

式中:c——反应时间 t 时的反应物浓度;

$\quad\ \ k$——反应速率常数。

式(6-2-44)积分可得

$$\ln c = \ln c_0 - kt \tag{6-2-45}$$

式中：c_0——反应开始时反应物浓度。

当 $c = c_0/2$ 时，时间 t 可用 $t_{1/2}$ 表示，即为反应半衰期。从式(6-2-45)可得

$$t_{1/2} = \frac{\ln 2}{k} = \frac{0.693}{k} \tag{6-2-46}$$

从式(6-2-45)可看出，在不同时间测定反应物的相应浓度，并以 $\ln c$ 对 t 作图，可得一直线，由直线斜率即可求得反应速率常数 k。然而反应是在不断进行的，要快速分析出反应物的浓度是困难的。蔗糖及其转化产物都具有旋光性，而且它们的旋光能力不同，系统在反应进程中旋光度的变化反映了反应物浓度的变化，用测定不同反应时间 t 时反应系统的旋光度来得到对应时间 t 时的反应物浓度。

2. 分子的旋光性和物质的旋光度

分子呈现旋光性的充分必要条件是分子不能和其镜像分子完全重合。当满足这个条件时，物质即以两种被称为对映异构体的分子存在，仿佛人的左手和右手，也称手性分子。两种对映异构体分子是具有相等强度、但方向相反的旋光能力的分子。在宏观上，当两种对映异构体分子数量不等时，物质表现出旋光性。

蔗糖及其转化产物都含有不对称的碳原子，它们都具有旋光性。但是它们的旋光能力不同，故可利用系统在反应进程中旋光度的变化来度量反应的进程。

测量物质旋光度所用的仪器称为旋光仪。溶液的旋光度与溶液中所含旋光物质的旋光能力、溶剂性质、溶液浓度、样品管长度及温度等均有关系。当其他条件均固定时，旋光度 α 与反应物浓度 c 呈线性关系，即

$$\alpha = \beta c \tag{6-2-47}$$

其中，比例常数 β 与物质旋光能力、溶剂性质、溶液浓度、样品管长度及温度等有关。

物质的旋光能力用比旋光度来度量：

$$[\alpha]_D^{20} = \frac{\alpha \times 100}{lc} \tag{6-2-48}$$

式中：20——实验时温度为 20 ℃；

D——旋光仪所采用的钠灯光源 D 线的波长（即 589 nm）；

α——测得的旋光度(°)；

l——样品管长度(dm)；

c——浓度。

作为反应物的蔗糖是右旋物质，其比旋光度 $[\alpha]_D^{20} = 66.6°$；生成物中葡萄糖也是右旋物质，其比旋光度 $[\alpha]_D^{20} = 52.5°$；但果糖是左旋物质，其比旋光度 $[\alpha]_D^{20} = -91.9°$。由于生成物中果糖的左旋性比葡萄糖右旋性大，所以生成物呈现左旋性质。因此随着反应的进行，系统的右旋角不断减小，反应至某一瞬间，系统的旋光度可恰好等于零，而后就变成左旋，直至蔗糖完全转化，这时左旋角达到最大值 α_∞。

设系统最初的旋光度为

$$\alpha_0 = \beta_\text{反} c_0 \quad (t = 0, \text{蔗糖尚未开始转化}) \tag{6-2-49}$$

系统最终的旋光度为

$$\alpha_\infty = \beta_\text{生} c_\infty \quad (t = \infty, \text{蔗糖已完全转化}) \tag{6-2-50}$$

式（6-2-49）和式（6-2-50）中 $\beta_\text{反}$ 和 $\beta_\text{生}$ 分别为反应物与生成物的比例常数。

当时间为 t 时，蔗糖浓度为 c，此时旋光度为 α_t，即

$$\alpha_t = \beta_\text{反} c + \beta_\text{生} (c_0 - c) \tag{6-2-51}$$

由式（6-2-49）、式（6-2-50）和式（6-2-51）联立可解得

$$c_0 = \frac{\alpha_0 - \alpha_\infty}{\beta_\text{反} - \beta_\text{生}} = \beta(\alpha_0 - \alpha_\infty) \tag{6-2-52}$$

$$c = \frac{\alpha_t - \alpha_\infty}{\beta_\text{反} - \beta_\text{生}} = \beta(\alpha_t - \alpha_\infty) \tag{6-2-53}$$

将式（6-2-52）和式（6-2-53）代入式（6-2-45）即得

$$\ln(\alpha_t - \alpha_\infty) = -kt + \ln(\alpha_0 - \alpha_\infty) \tag{6-2-54}$$

显然，以 $\ln(\alpha_t - \alpha_\infty)$ 对 t 作图可得一直线，从直线斜率即可求得反应速率常数 k。

3. 旋光仪工作原理

光是电磁波，而电磁波是一种横波，即电磁波振动方向垂直于光的传播方向。由于发光体的统计性质，电磁波可以在垂直于光传播方向的任意方向上振动，这种光称为自然光。偏振器是一种只能让某一个方向上振动的光通过的装置，这个方向称为偏振器的透光轴方向。自然光通过偏振器（起偏器），只让振动方向与起偏器透光轴方向一致的光通过，得到只在一个方向上振动的光，这种光称为平面偏振光。平面偏振光通过某种旋光物质时，偏振光的振动方向会转过一个角度 α，这个角度 α 称为旋光度。旋光仪是利用检偏器来测定旋光度的。检偏器也是一种偏振器，如果调节检偏器使其透光轴与起偏器的透光轴垂直，两个偏振器之间又没有旋光物质，则自然光通过起偏器后就不能通过检偏器，在检偏器后观察到的视场呈黑暗。现将盛满旋光物质的旋光管放入起偏器和检偏器之间，由于旋光物质的旋光作用，使原来由起偏器出来的平面偏振光转过一个角度 α，这样在检偏器的透光轴方向上有一个分量，所以视场将不呈黑暗。这时如将检偏器也相应地转过一个 α 角度，这样视场又将重新恢复黑暗。因此检偏器由第一次黑暗到第二次黑暗的角度差，即为被测物质的旋光度 α。

旋光物质有右旋和左旋的区别。所谓右旋物质是指检偏器沿顺时针方向旋转时能使视野再次黑暗的物质。左旋物质是指检偏器沿逆时针方向旋转而使之再次黑暗的物质。通常右旋以"＋"表示，左旋以"－"表示。

现代旋光仪通过光-电检测、电子放大及机械反馈系统自动进行检偏器角度的调整，最后数字显示旋光物质的旋光度 α。本实验使用 WZZ-2s 型自动数字式旋光仪。

实验仪器及试剂

旋光仪;恒温箱;恒温槽;移液管(50 mL,25 mL);带塞锥形瓶(150 mL,2 个);洗耳球;擦镜纸;吸滤纸。

HCl 溶液(4 mol·L^{-1});蔗糖(分析纯)。

实验步骤

(1) 将恒温水浴调节到所需的反应温度(如 25 ℃、30 ℃或 35 ℃),并用恒温水在实验过程中一直恒温旋光管。

(2) 反应过程的旋光度测定。

使用旋光仪之前必须校正零点,校正方法参见附录 D。

洗净 2 个 150 mL 带塞锥形瓶。在一个 150 mL 锥形瓶内,用粗天平称取 10 g蔗糖,加入 50 mL 蒸馏水,使蔗糖完全溶解,若溶液混浊,则需要过滤。用一支移液管吸取 50 mL 4 mol·L^{-1}的 HCl 溶液,置于另一个 150 mL 锥形瓶中。将这两个锥形瓶加塞一起置于恒温水浴内恒温 10 min 以上。然后将两个锥形瓶取出,擦干外壁的水珠,将 HCl 溶液倒入蔗糖水溶液中,蔗糖转化反应开始,同时按动秒表开始计时。锥形瓶加塞,来回倒三、四次,使之混合均匀后,立即用少量反应液荡洗旋光管两次,然后将反应液装满旋光管,旋上套盖,放进旋光仪的光路中,测量各反应时间的旋光度。(注意:荡洗和装样最多只能用去一半左右的反应液。)要求在反应开始后 2～3 min 内测定第一个数据。以后每间隔 1 min 测量一次。反应时间以秒表指示的时间为准,一直测量到反应时间为 50 min 为止。在此期间,将锥形瓶中剩余的反应液盖上瓶塞置于 50～60 ℃的恒温箱内温热待用。注意温度不可过高,否则将产生副反应,溶液颜色变黄。并注意温热过程中避免溶液蒸发,影响浓度。

由于酸会腐蚀金属部件,因此实验一结束,必须立即用水将旋光管等洗净。

(3) α_{∞}的测量。

将已在恒温箱内温热 40 min 以上的反应液取出,冷至实验温度下测定旋光度。在 10～15 min 内,读取 5～7 个数据,如在测量误差范围内,则取其平均值,即为 α_{∞}值。将恒温水浴的温度调高 5 ℃,按上述实验步骤再测量一组数据。

数据记录及处理

(1) 分别将在两个不同反应温度下反应过程中所测得的旋光度 α_t与对应反应时间 t 列表,作 α_t-t 曲线图。

(2) 分别从两条 α_t-t 曲线上 10～40 min 的区间内,等间隔取 8 个数据组(α_t-t),以 $\ln(\alpha_t-\alpha_{\infty})$对 t 作图,由直线斜率求反应速率常数 k,并计算反应半衰期 $t_{1/2}$。

(3) 根据实验测得的 $k(T_1)$和 $k(T_2)$,利用阿仑尼乌斯公式计算反应的平均活化能。

实验注意事项

温度对旋光度的示数影响很大,因此测定不同温度下的旋光度,必须将恒温水浴调节到所需的反应温度(如 25 ℃、30 ℃ 或 35 ℃),并用恒温水在实验过程中一直恒温旋光管。

思考题

(1) 蔗糖的转化速率和哪些条件有关?

(2) 为什么配制蔗糖溶液可用粗天平称量?

(3) 一级反应的特点是什么?

实验十一　乙酸乙酯皂化反应速率常数的测定

实验目的

(1) 用电导法测定乙酸乙酯皂化反应的速率常数,了解反应活化能的测定方法。

(2) 了解二级反应的特点,学会用图解计算法求出二级反应的速率常数及反应活化能。

实验原理

乙酸乙酯皂化是一个二级反应,其反应式为

$$CH_3COOC_2H_5 + OH^- \longrightarrow CH_3COO^- + C_2H_5OH$$

在反应过程中,各物质浓度随时间而改变,某一时刻的 OH^- 离子浓度可用标准酸进行滴定求得,也可通过测量溶液的某些物理性质而得到。用电导仪测定不同时刻溶液的电导值 G 随时间的变化关系,可以监测反应的进程,进而可求算反应的速率常数。二级反应的速率与反应物的浓度有关,如果反应物 $CH_3COOC_2H_5$ 和 $NaOH$ 的初始浓度相同(均为 c),则反应时间为 t 时,反应所产生的 CH_3COO^- 和 C_2H_5OH 的浓度均为 $c-x$。设逆反应可忽略,则反应物和生成物的浓度随时间的关系为

$$CH_3COOC_2H_5 + NaOH \longrightarrow CH_3COONa + C_2H_5OH$$

$t=0$	c	c	0	0
$t=t$	$c-x$	$c-x$	x	x
$t \rightarrow \infty$	$\rightarrow 0$	$\rightarrow 0$	$\rightarrow c$	$\rightarrow c$

对上述二级反应的速率方程可表示为

$$\frac{\mathrm{d}x}{\mathrm{d}t} = k(c-x)(c-x) \tag{6-2-55}$$

积分得

$$kt = \frac{x}{c(c-x)} \tag{6-2-56}$$

显然,只要测出反应进程中 t 时的 x 值,再将 c 代入式(6-2-56),就可得到反应速率常数 k 值。

由于反应物是稀的水溶液,故可假定 CH_3COONa 全部电离,则溶液中参与导电的离子有 Na^+、OH^- 和 CH_3COO^- 等,而 Na^+ 在反应前后浓度不变,OH^- 的迁移率比 CH_3COO^- 的大得多。随着反应时间的增加,OH^- 不断减少,而 CH_3COO^- 不断增加,所以系统的电导值不断下降。在一定范围内,可以认为系统电导值的减少量与 CH_3COONa 的浓度 x 的增加量成正比,即

$$t = t \qquad x = \beta(G_0 - G_t) \tag{6-2-57}$$
$$t \rightarrow \infty \qquad x = \beta(G_0 - G_\infty) \tag{6-2-58}$$

式中:G_0、G_t——溶液起始和 t 时的电导值;

G_∞——反应终了时的电导值;

β——比例常数。

将式(6-2-57)和式(6-2-58)代入式(6-2-56)得

$$kt = \frac{\beta(G_0 - G_t)}{c\beta[(G_0 - G_\infty) - (G_0 - G_t)]} = \frac{G_0 - G_t}{c(G_t - G_\infty)} \tag{6-2-59}$$

或写成

$$\frac{G_0 - G_t}{G_t - G_\infty} = ckt \tag{6-2-60}$$

由式(6-2-60)可知,只要测出 G_0、G_∞ 及一组 G_t 值,利用 $\dfrac{G_0 - G_t}{G_t - G_\infty}$ 对 t 作图,应得一直线,由斜率即可求得反应速率常数 k 值,k 的单位为 $L \cdot min^{-1} \cdot mol^{-1}$。

实验仪器及试剂

恒温槽;DDS-11C 型电导率仪;DJS-1 型电导电极;双管电导池;秒表;电吹风;量筒(20 mL,2 个);容量瓶(100 mL,4 个);洗瓶;滴管;洗耳球。

乙酸钠(分析纯);乙酸乙酯(分析纯);氢氧化钠(分析纯);电导水。

实验步骤

(1)开启恒温水浴电源,将温度调至实验所需值。开启电导仪的电源,预热,将电导仪调零待用。

(2)配制溶液。

分别配制 $0.010\ 0\ mol \cdot L^{-1}\ NaOH$、$0.020\ 0\ mol \cdot L^{-1}\ NaOH$、$0.010\ 0\ mol \cdot L^{-1}\ CH_3COONa$、$0.020\ 0\ mol \cdot L^{-1}\ CH_3COOC_2H_5$ 各 100 mL。

(3)G_0 的测量。

本实验采用双管电导池进行测量,其装置如图 6-2-10 所示。

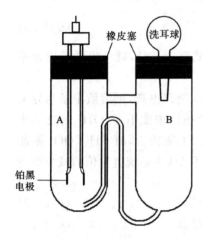

图 6-2-10　双管电导池示意图

① 洗净双管电导池并用电吹风吹干,加入适量 $0.010\ 0\ mol \cdot L^{-1}NaOH$ 溶液(能浸没铂黑电极并超出 1 cm)。

② 用电导水洗涤铂黑电极,再用 $0.010\ 0\ mol \cdot L^{-1}NaOH$ 溶液淋洗,然后插入电导池中。

③ 将整个系统置于恒温水浴中,恒温 10 min。

④ 测量该溶液的电导值,每隔 2 min 读一次数据,读取三次。

⑤ 更换溶液,重复测量,如果两次测量在误差允许范围内,则取平均值,即为 G_0。

(4) G_∞ 的测量。

实验测定中,不可能等到 $t \to \infty$,且反应也并不完全不可逆,故通常以 $0.010\ 0\ mol \cdot L^{-1}CH_3COONa$ 溶液的电导值作为 G_∞,测量方法与 G_0 的测量方法相同。但必须注意,每次更换测量溶液时,需用电导水淋洗电极和电导池,然后再用被测溶液淋洗三次。

(5) G_t 的测量。

① 电导池和电极的处理方法与上述相同,安装后置于恒温水浴内。

② 用移液管量取 15 mL $0.0200\ mol \cdot L^{-1}NaOH$ 溶液放入 A 管中;用另一支移液管吸取 15 mL $0.020\ 0\ mol \cdot L^{-1}CH_3COOC_2H_5$ 注入 B 管中,电解池塞上橡皮塞,恒温 10 min。

③ 用洗耳球通过 B 管上口将 $CH_3COOC_2H_5$ 溶液轻轻压入 A 管中,当溶液压入一半时,开始记录反应时间。然后反复压几次,使溶液混合均匀,并立即测量其电导值。

④ 每隔 2 min 读一次数据,直至电导值基本不变。

⑤ 反应结束后,倾去反应液,洗净电导池和电极。重新测量 G_∞,如果测量结果与前一次的基本相同,则可进行下一步的实验。

(6) 反应活化能的测定。

按上述步骤测定另一个温度时的反应速率常数,并按阿仑尼乌斯公式计算反应活化能。

$$\ln \frac{k_2}{k_1} = \frac{E}{R}\left(\frac{T_2 - T_1}{T_1 T_2}\right) \tag{6-2-61}$$

式中:k_1、k_2——温度为 T_1、T_2 时测得的反应速率常数;

　　　R——摩尔气体常数;

　　　E——反应的活化能。

数据记录及处理

(1) 根据测定结果,分别以 $(G_0 - G_t)/(G_t - G_\infty)$ 对 t 作图,并从直线斜率计算反

应速率常数 k_1、k_2。

(2) 根据式(6-2-61)计算反应的活化能。

思考题

(1) 为何本实验要在恒温条件下进行,而且 $CH_3COOC_2H_5$ 和 NaOH 在混合前还要预先恒温?

(2) 反应分子数与反应级数是两个完全不同的概念,反应级数只能通过实验来确定。试问如何从实验结果来验证乙酸乙酯皂化反应为二级反应?

(3) 乙酸乙酯皂化反应为吸热反应,试问在实验过程中如何处置这一影响而使实验得到较好的结果?

(4) 若 $CH_3COOC_2H_5$ 和 NaOH 溶液均为浓溶液,试问能否用此方法求得 k 值?为什么?

实验十二　最大泡压法测定溶液的表面张力

实验目的

(1) 了解表面张力的性质、表面吉布斯函数的意义以及表面张力和吸附的关系。

(2) 掌握用最大泡压法测定溶液的表面张力的原理和技术。

(3) 测定不同浓度乙醇水溶液的表面张力,计算表面吸附量和乙醇分子的横截面积。

实验原理

1. 表面吉布斯函数

$$\gamma = \left(\frac{\partial G}{\partial A_s}\right)_{T,p,n(B)} = \left(\frac{\partial U}{\partial A_s}\right)_{S,V,n(B)} = \left(\frac{\partial H}{\partial A_s}\right)_{S,p,n(B)} \left(\frac{\partial A}{\partial A_s}\right)_{T,V,n(B)} \tag{6-2-62}$$

γ 等于在定温、定容(或定温、定压)下,增加单位表面时系统亥姆霍兹自由能(或吉布斯自由能)的增加,因此 γ 又称为单位表面亥姆霍兹函数或单位表面吉布斯函数,简称为单位表面吉布斯函数。

在定温、定压、定组成下,有

$$dG_{T,p,n(B)} = \gamma dA_s \tag{6-2-63}$$

由式(6-2-63)知,A_s 下降,γ 下降,均导致 $dG_{p,T}<0$,过程自发,这是产生表面现象的热力学原因。

2. 溶液的表面吸附

纯液体不存在吸附,恒温、恒压下,表面张力是一定值。纯液体降低表面吉布斯自由能的唯一途径就是尽可能缩小表面积。

对于溶液来说,溶液表面的吸附现象,可用恒温、恒压下溶液表面吉布斯函数自动减小的趋势来说明。在一定 T、p 下,由一定量的溶质与溶剂所形成的溶液,因溶液的表面积不变,降低表面吉布斯函数的唯一途径是尽可能地使溶液的表面张力降低。而降低表面张力则是通过使溶液中相互作用力较弱的分子富集到表面而完成的。

正吸附:溶质在溶剂表面浓度＞溶质在溶液中浓度

负吸附:溶质在溶剂表面浓度＜溶质在溶液中浓度

一般说来,凡是能使溶液表面张力升高的物质,皆称为表面惰性物质;凡是能使溶液表面张力降低的物质,皆称为表面活性物质。但习惯上,只把那些溶入少量就能显著降低溶液表面张力的物质,称为表面活性物质或表面活性剂。表面活性物质的分子都是由亲水性的极性基团和憎水(亲油)性的非极性基团所构成。表面活性物质的分子能定向地排列于任意两相之间的界面层中,使界面的力场得到某种程度的补偿,从而使表面张力降低。表面活性的大小可用 $(\partial\gamma/\partial c)_T$ 来表示,其值愈大,则表示溶质的浓度对溶液表面张力的影响愈大。溶质吸附量的大小可用吉布斯吸附等温式来计算,即

$$\Gamma = -\frac{c}{RT}\frac{\mathrm{d}\gamma}{\mathrm{d}c} \tag{6-2-64}$$

由上式可知,在一定温度下,当溶液的表面张力随浓度的变化率 $\mathrm{d}\gamma/\mathrm{d}c<0$ 时,$\Gamma>0$,表明凡是增加浓度能使溶液表面张力降低的溶质,在表面层必然发生正吸附;当 $\mathrm{d}\gamma/\mathrm{d}c>0$ 时,$\Gamma<0$,表明凡增加浓度使溶液表面张力上升的溶质,在溶液的表面层必然发生负吸附;当 $\mathrm{d}\gamma/\mathrm{d}c=0$ 时,$\Gamma=0$,说明此时无吸附作用。

用吉布斯吸附等温式计算某溶质的吸附量(即表面过剩)时,可由实验测定一组恒温下不同浓度 c 时的表面张力 γ,以 γ 对 c 作图,得到 γ-c 曲线。将曲线上某指定浓度下的斜率 $\mathrm{d}\gamma/\mathrm{d}c$ 代入式(6-2-64),即可求得该浓度下溶质在溶液表面的吸附量。将不同浓度下求得的吸附量对溶液浓度作图,可得到 Γ-c 曲线,即溶液表面的吸附等温线。

3. 饱和吸附与溶质分子的截面积

在一定温度下,系统在平衡状态时,吸附量 Γ 和浓度 c 之间的关系与固体对气体的吸附很相似,也可用和 Langmuir 单分子层吸附等温式相似的经验公式来表示,即

$$\Gamma = \Gamma_m\frac{kc}{1+kc} \tag{6-2-65}$$

式中:k——经验常数,与溶质的表面活性大小有关。

由上式可知,当浓度很小时,吸附量与 c 呈直线关系;当浓度较大时,吸附量与 c 呈曲线关系;当浓度足够大时,$\Gamma=\Gamma_m$,此时若再增加浓度,吸附量不再改变。所以 Γ_m 称为饱和吸附量。Γ_m 可以近似地认为是在单位表面上定向排列呈单分子层吸附时溶质的物质的量。由实验测出 Γ_m 值,即可算出每个被吸附的表面活性物质分子的横截面积 a_m,即

$$a_{\mathrm{m}} = \frac{1}{\Gamma_{\mathrm{m}} L} \tag{6-2-66}$$

式中:L——阿伏加德罗常数。

4. 最大泡压法

当系统不断减压时,毛细管出口将出现一小气泡,且不断增大。若毛细管足够细,管下端气泡将呈球缺形,液面可视为球面的一部分。随着小气泡的变大,气泡的曲率半径将变小。当气泡的半径等于毛细管的半径时,气泡的曲率半径最小,液面对气体的附加压力达到最大。

当气泡的半径等于毛细管半径时:

气泡内的压力　　　　　　　　　$p_{内} = p_{大气}$

气泡外的压力　　　　　　　$p_{外} = p_{大气} - p_{最大} + \rho g h$

实验中使毛细管口与液面相切,即

$$h = 0, p_{外} = p_{大气} - p_{最大}$$

根据附加压力的定义及拉普拉斯方程,半径为 r 的凹面对小气泡的附加压力为

$$\Delta p = p_{内} - p_{外} = p_{最大} = 2\gamma/r$$

于是求得所测液体的表面张力为

$$\gamma = \frac{\Delta p \times r}{2} = \frac{p_{最大} r}{2} \tag{6-2-67}$$

此后进一步抽气,气泡若再增大,气泡半径也将增大,此时气泡表面承受的压力差必然减小,而测定管中的压力差却在进一步加大,所以导致气泡破裂从液体内部逸出。

如果将恒温水浴的温度设为 25 ℃,对于同一套毛细管,其半径 r 恒定,故水的表面张力 $\gamma_{水}$ 与不同浓度的乙醇溶液的表面张力 γ_n 之比等于其对应 $p_{最大}$ 之比,即 $\gamma_{水}/\gamma_n = p_{最大水}/p_{最大n}$,而此温度下水的表面张力 $\gamma_{水} = 0.072\,14\ \mathrm{N} \cdot \mathrm{m}^{-1}$,故只要测出水与不同浓度乙醇溶液的 $p_{最大}$,则可求算出所测乙醇溶液的表面张力。

实验仪器及试剂

DP-AW 精密数字压力计;阿贝折射仪;表面张力测定玻璃仪器;电热恒温水浴锅;真空橡胶管;烧杯(100 mL);铁架台。

乙醇(分析纯)。

实验步骤

仪器装置如图 6-2-11 所示。

1. 配制溶液

用容量法粗略配制体积分数为 10%、15%、20%、25%、30%、35%、40%的乙醇水溶液各 50 mL。测得各溶液的折射率。

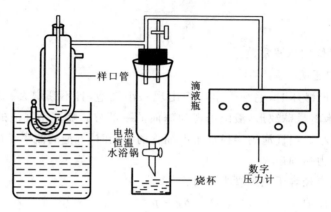

图 6-2-11　实验装置图

2. 测定毛细管半径

将玻璃器皿认真洗涤干净,在测定管中注入蒸馏水,使管内液面刚好与毛细管口相接触,按装置图连接好系统。

在进行数据记录之前要检查系统的气密性。将恒温水浴温度设为 25 ℃,待其水温稳定后,慢慢打开滴液瓶活塞,控制滴液速度,数字压力计读数由小增大至一相当大的数值时,关闭滴液瓶活塞,若数字压力计读数在 1~2 min 内基本稳定,表明系统的气密性良好,才可以进行测量,否则应检查各玻璃磨口处或其他接口。

进行测量时,同样慢慢打开滴液瓶活塞,控制滴液速度,观察到数字压力计读数由小增大至最大值后即下降至最小,记录最大值,重复 3 次,取平均值。

3. 测量乙醇溶液的表面张力

按步骤 2,分别测得不同浓度的乙醇溶液的表面张力,从稀到浓依次进行。每次测量前必须用少量被测液洗涤测定管(尤其是毛细管部分),确保毛细管内外溶液的浓度一致。

数据记录及处理

(1) 设计实验数据记录表(表 6-2-7),正确记录全套原始数据,并填入演算结果。

(2) 查得室温下纯水的表面张力数据,填入表 6-2-7 中。

(3) 以纯水(即 0% 乙醇)的测量结果按 $\gamma = \dfrac{\Delta p \times r}{2} = \dfrac{p_{最大} r}{2}$ 求得毛细管的半径:

$r = \left(\dfrac{2\gamma}{\Delta p}\right)_{纯水} = \left(\dfrac{2\gamma}{p_{最大}}\right)_{纯水}$,填入表 6-2-7 中。

(4) 根据测得折射率,由实验室提供的乙醇的折射率-浓度工作曲线查出各溶液的浓度。

(5) 按 $\gamma = \dfrac{\Delta p \times r}{2} = \dfrac{p_{最大} r}{2}$ 计算各浓度溶液的 γ 值。

表 6-2-7　实验数据记录表

乙醇浓度	折射率 n_D^{25}	由折射率确定的真实浓度/(mol·m^{-3})	最大压力/Pa	表面张力 γ/(N·m^{-1})
0%				
10%				
15%				
20%				
25%				
30%				
35%				
40%				

注:室温:　　℃。

(6) 作 γ-c 曲线图,在 γ-c 曲线上取 10 个点,分别作出切线,并求得对应的斜率 $\mathrm{d}\gamma/\mathrm{d}c$,根据 $\Gamma = -\dfrac{c}{RT}\dfrac{\mathrm{d}\gamma}{\mathrm{d}c}$ 求算各浓度 c 对应的吸附量 Γ。作出 Γ-c 图,由直线的斜率求得 Γ_m,并计算 a_m。

实验注意事项

(1) 玻璃器皿一定要洗涤干净,否则测定的数据不真实。毛细管的清洗方法:将毛细管在被测溶液中蘸一下,溶液在毛细管中上升一液柱,然后用洗耳球将溶液吹出,重复 3～4 次。切忌用洗耳球将溶液吸至毛细管内再将其吹出,如此操作容易引起毛细管的堵塞。

(2) 在步骤 2 中,在测定有效数据之前一定要检查系统的气密性,否则数据不真实。

(3) 测量乙醇溶液的表面张力时按从稀到浓依次进行。

(4) 必须将液面刚好与毛细管口相接触。若毛细管末端插入溶液内部,则气泡外的压力 $p_{外} = p_{大气} - p_{最大} + \rho g h$,此时因为 h 不等于 0,$\Delta p = p_{内} - p_{外} = p_{最大} = 2\gamma/r$ 的计算公式不能采用,只能用下式进行计算:

$$\gamma = \frac{\Delta p \times r}{2} = \frac{(p_{最大} - \rho g h)r}{2}$$

(5) 抽气速度不能太快,否则 $p_{最大}$ 测量结果将会偏小。

(6) 要读取最大压力差数值,因 $p_{最大}$ 与毛细管的半径 r 是对应的,只有这样才能获得一致的数据。

思考题

(1) 本实验为什么要读取最大压力差?

（2）测定管的清洁与否对数据有何影响？

（3）在测量过程中，如果滴液瓶滴液速度过快对测量结果有何影响？

实验十三　配合物的磁化率测定

实验目的

（1）掌握古埃(Gouy)法测定物质磁化率的基本原理和实验方法。

（2）通过对一些配合物的磁化率的测定，推算其最外层不成对电子数，判断这些分子的配键类型。

实验原理

（1）在外磁场的作用下，物质会被磁化产生附加磁感应强度，则物质内部的磁感应强度等于

$$B = B_0 + B' = \mu_0 H + B' \tag{6-2-68}$$

式中：B_0——外磁场的磁感应强度；

　　　B'——物质磁化产生的附加磁感应强度；

　　　H——外磁场强度；

　　　μ_0——真空磁导率，其数值等于 $4\pi \times 10^{-7}$ N·A^{-2}。

物质的磁化可用磁化强度 M 来描述，M 也是一个矢量，它与磁场强度成正比，即

$$M = \chi H \tag{6-2-69}$$

式中：χ——物质的体积磁化率，是物质的一种宏观磁性质。

B' 与 M 的关系为

$$B' = \mu_0 M = \mu_0 \chi H \tag{6-2-70}$$

将式(6-2-70)代入式(6-2-68)得

$$B = (1 + \chi)\mu_0 H = \chi \mu H \tag{6-2-71}$$

式中：μ——物质的磁导率。

化学中常用质量磁化率 χ_m 或摩尔磁化率 χ_M 来表示物质的磁性质，它们的定义为

$$\chi_m = \frac{\chi}{\rho} \tag{6-2-72}$$

$$\chi_M = M \chi_m = \frac{M\chi}{\rho} \tag{6-2-73}$$

式中：ρ—— 物质的密度；

　　　M—— 物质的摩尔质量。

χ_m 的单位是 $m^3 \cdot kg^{-1}$，χ_M 的单位是 $m^3 \cdot mol^{-1}$。

（2）物质的原子、分子或离子在外磁场作用下的磁化现象存在三种情况。

① 物质本身并不呈现磁性,但由于它内部的电子轨道运动,在外磁场的作用下会产生拉摩进动,感应出一个诱导磁矩来,表现为一个附加磁场,磁矩的方向与外磁场相反,其磁化强度与外磁场强度成正比,并随着外磁场的消失而消失,这类物质称为逆磁性物质,其 $\mu < 1$, $\chi_M < 0$。

② 物质的原子、分子或离子本身具有永久磁矩 μ_m,由于热运动,永久磁矩指向各个方向的机会相同,所以该磁矩的统计值等于零。但它在外磁场的作用下,一方面永久磁矩会顺着外磁场方向排列,其磁化方向与外磁场相同,磁化强度与外磁场的磁场强度成正比;另一方面物质内部的电子轨道运动也会产生拉摩进动,其磁化方向与外磁场相反,因此这类物质在外磁场下表现的附加磁场是上述两者作用的总结果,通常称具有永久磁矩的物质为顺磁性物质。显然,该类物质的摩尔磁化率 χ_M 是摩尔顺磁化率 χ_μ 和摩尔逆磁化率 χ_0 两部分之和,即

$$\chi_M = \chi_\mu + \chi_0 \tag{6-2-74}$$

但由于 $\chi_\mu \gg |\chi_0|$,故顺磁性物质的 $\mu > 1$, $\chi_M > 0$,可以近似地把 χ_μ 当成 χ_M,即

$$\chi_M = \chi_\mu \tag{6-2-75}$$

③ 物质被磁化的强度与外磁场强度之间不存在正比关系,而是随着外磁场强度的增加而剧烈增强,当外磁场消失后,这种物质的磁性并不消失,呈现出滞后现象。这种物质称为铁磁性物质。

（3）假定分子之间无相互作用,应用统计力学的方法,可以导出摩尔顺磁化率 χ_μ 和永久磁矩 μ_m 之间的定量关系

$$\chi_\mu = \frac{L\mu_m^2}{3kT} \tag{6-2-76}$$

式中: L—— 阿伏加德罗常数;

k——玻耳兹曼常数;

T——热力学温度。

物质的摩尔顺磁化率与热力学温度成反比这一关系,是居里（Curie P）在实验中首先发现的,所以该式称为居里定律。

分子的摩尔逆磁化率 χ_0 是由诱导磁矩产生的,它与温度的依赖关系很小。因此具有永久磁矩的物质的摩尔磁化率 χ_M 与磁矩之间的关系为

$$\chi_M = \chi_0 + \frac{L\mu_m^2}{3kT} = \frac{L\mu_m^2}{3kT} \tag{6-2-77}$$

该式将物质的宏观物理性质（χ_M）和其微观性质（μ_m）联系起来了,因此只要实验测得 χ_M,代入式（6-2-77）就可以算出永久磁矩 μ_m。

（4）物质的顺磁性来自于与电子的自旋相联系的磁矩。电子有两个自旋状态。如果原子、分子或离子中两个自旋状态的电子数不相等,则该物质在外磁场中就呈现

顺磁性。这是由于每一轨道上不能存在两个自旋状态相同的电子(泡利原理),因而各个轨道上成对电子自旋所产生的磁矩是相互抵消的,所以只有存在未成对电子的物质才具有永久磁矩,它在外磁场中表现出顺磁性。

物质的永久磁矩 μ_m 和它所包含的未成对电子数 n 的关系为

$$\mu_m = [n(n+2)]^{\frac{1}{2}} \mu_B \tag{6-2-78}$$

式中:μ_B——玻尔(Bohr)磁子,其物理意义是单个自由电子自旋所产生的磁矩。

$$\mu_B = \frac{eh}{4\pi m_e} = 9.27 \times 10^{-21} \text{ erg} \cdot G^{-1} \quad (CGS)$$

$$\mu_B = \frac{eh}{2m_e} = 9.27 \times 10^{-24} \text{ J} \cdot T^{-1} \quad (SI) \tag{6-2-79}$$

式中:h——普朗克常量;

m_e——电子质量。

(5)物质在磁场下的受力分析。若设定样品管的底面积为 A,磁场中间的最大强度为 H,最上方靠近样品管的最上沿为 H_0,则对于同一支样品管在装样后存在如下的受力分析:

$$F = \frac{1}{2}(\chi - \chi_0)A(H^2 - H_0^2) = (\Delta m_{KG+Y} - \Delta m_{KG})g \tag{6-2-80}$$

其中,χ_0、H_0 近似为 0;缩写 KG 表示空管子;KG+Y 表示管子里面装上了待测样品。

比较装入标准样品和待测样品在不同磁场下的受力方程式,则可以得到如下的样品计算式:

$$\chi_{M,Y} = \chi_{m,B} \times \frac{m_B}{m_Y} \times M_Y \times \frac{\Delta m_{KG+Y} - \Delta m_{KG}}{\Delta m_{KG+B} - \Delta m_{KG}} \tag{6-2-81}$$

式中:$\chi_{m,B}$——标准样品的质量磁化率,其值为 $\dfrac{9\,500 \times 10^{-6}}{T+1}$;

Δm——有无磁场下的质量差值。

(6)由实验测定物质的 χ_M,代入式(6-2-77)求出 μ_m,再根据式(6-2-78)算得未成对电子数 n,这对于研究某些原子或离子的电子组态,以及判断配合物分子的配键是很有意义的。

通常认为配合物可分为电价配合物和共价配合物两种。配合物的中央离子与配体之间依靠静电库仑力结合起来的化学键叫电价配键,这时中央离子的电子结构不受配体的影响,基本上保持自由离子的电子结构。共价配合物则是以中央离子的空的价电子轨道接受配体的孤对电子形成共价配键,这时中央离子为了尽可能多地成键,往往会发生电子重排,以腾出更多的空的价电子轨道来容纳配体的电子对。例如 Fe^{2+} 在自由离子状态下的外层电子组态,如图 6-2-12 所示。

当它与 6 个 H_2O 配体形成配离子$[Fe(H_2O)_6]^{2+}$ 时,中央离子 Fe^{2+} 仍保持着上述自由离子状态的电子组态,故此配合物是电价配合物。当与 6 个 CN^- 配体形成配

图 6-2-12　Fe^{2+} 在自由离子状态下的外层电子组态示意图

离子$[Fe(CN)_6]^{4-}$时，Fe^{2+}的电子组态发生重排，如图 6-2-13 所示。

图 6-2-13　Fe^{2+} 外层电子重排示意图

Fe^{2+}的 3d 轨道上原来未成对电子重新配对，腾出两个 3d 空轨道来，再与 4s 和 4p 轨道进行 d^2sp^3 杂化，构成以 Fe^{2+} 为中心的指向正八面体各个顶角的 6 个空轨道，以此来容纳 6 个 CN^- 中 C 原子上的孤对电子，形成 6 个共价配键，如图 6-2-14 所示。

一般认为中央离子与配位原子之间的电负性相差很大时，容易生成电价配键，而电负性相差很小时，则生成共价配键。

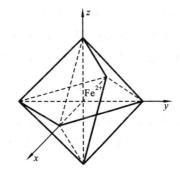

图 6-2-14　$[Fe(CN)_6]^{4-}$ 离子 6 个共价配键的相对位置示意图

实验仪器及试剂

古埃磁天平；软质玻璃样品管；装样品工具（包括研钵、角匙、小漏斗、玻璃棒）。

$FeSO_4 \cdot 7H_2O$（分析纯）；莫尔氏盐$(NH_4)_2SO_4 \cdot FeSO_4 \cdot 6H_2O$（分析纯）；$K_4Fe(CN)_6 \cdot 3H_2O$（分析纯）。

实验步骤

（1）按天平操作规程及注意事项小心启动磁天平。

（2）标定步骤如下。

① 取一支清洁、干燥的空样品管悬挂在古埃磁天平的挂钩上，使样品管底部正好与磁极中心线对齐，然后将励磁稳流电流开关接通（励磁电流为零时才能开关电源），准确称得空样品管在 $I_1 = 0$ A 时的质量；由小到大调节励磁电流至 $I_2 = 3$ A，迅速且准确地称取此时空样品管的质量；继续由小到大调节励磁电流至 $I_3 = 4$ A，再称质量；继续将励磁电流数值缓慢升至 5 A 左右（不记录此时的质量），接着将励磁电流缓慢降至 I_3，再称空样品管的质量；然后再将励磁电流降至 I_2，再称质量；称毕，将励磁电流降至零，最后再一次称取 I_1 时空样品管的质量。

根据下列公式取两次测得数据的平均值：

$$\Delta m_{空管}(I_1) = \frac{1}{2}\big[\Delta m_1(I_1) + \Delta m_1'(I_1)\big]$$

$$\Delta m_{空管}(I_2) = \frac{1}{2}\big[\Delta m_2(I_2) + \Delta m_2'(I_2)\big]$$

② 取下样品管，将事先研细的莫尔氏盐通过小漏斗装入样品管，在装填时须不断将样品管底部敲击木垫，务必使粉末样品均匀填实，直至装满为止(约 18 cm 高)。用直尺准确测量样品高度 h。同上法，将装有莫尔氏盐的样品管置于古埃磁天平中，在相应的励磁电流 I_1、I_2 和 I_3 下进行测量，并取两次测定数据的平均值。

测定完毕，将样品管中的莫尔氏盐样品倒入回收瓶，然后洗净样品管，干燥备用。

(3) 测定 $FeSO_4 \cdot 7H_2O$ 和 $K_4Fe(CN)_6 \cdot 3H_2O$ 的摩尔磁化率。

在标定磁场强度用的同一样品管中，分别装入 $FeSO_4 \cdot 7H_2O$ 和 $K_4Fe(CN)_6 \cdot 3H_2O$，重复上述实验步骤②，分别测定样品的摩尔磁化率。

数据记录及处理

(1) 根据记录下来的数据，计算不同情况下 Δm 的平均值。

(2) 按照顺序，分别根据式(6-2-81)、式(6-2-77)、式(6-2-78)计算未成对电子数 n。

(3) 根据未成对电子数，讨论 $FeSO_4 \cdot 7H_2O$ 和 $K_4Fe(CN)_6 \cdot 3H_2O$ 中 Fe^{2+} 的最外层电子结构及由此构成的配键类型。

实验注意事项

(1) 磁化率的单位习惯上采用电磁单位制(CGS)，本实验已改用国际单位制(SI)。国际单位制和电磁单位制的质量磁化率、摩尔磁化率的换算关系分别为

$$1 \text{ m}^3 \cdot \text{kg}^{-1}(\text{SI 单位}) = 10^3/(4\pi) \text{ cm}^3 \cdot \text{g}^{-1}(\text{CGS 单位})$$

$$1 \text{ m}^3 \cdot \text{mol}^{-1}(\text{SI 单位}) = 10^6/(4\pi) \text{ cm}^3 \cdot \text{mol}^{-1}(\text{CGS 单位})$$

现有手册上大多仍以 CGS 电磁单位制表示磁化率，采用时要注意上述换算关系。

(2) 磁天平操作过程中，电流调节由小到大(由大到小)过程必须一次性完成，是为了抵消实验时磁场剩磁现象的影响，尽量减少回差。此外，实验时还必须避免气流扰动对测量的影响，并注意勿使样品管与磁极碰撞；磁极距离不得随意变动；整个实验过程中不能关闭电子天平。

思考题

(1) 试比较用高斯计和莫尔氏盐标定的相应励磁电流下的磁场强度数值，并分析两者测定结果差异的原因。

（2）不同励磁电流下测得的样品摩尔磁化率是否相同？如果测量结果不同应如何解释？

实验十四　溶液法测定极性分子的偶极矩

实验目的

（1）用溶液法测定乙酸乙酯的偶极矩。

（2）掌握溶液法测定偶极矩的实验技术。

（3）了解偶极矩和分子极性的关系。

实验原理

1. 分子的偶极矩

由于分子的空间构型不同，分子中电荷分布也不同，整个分子是电中性的，但分子的正、负电荷中心可能是重合的，也可能是不重合的。前者称为非极性分子，后者称为极性分子。在不同的极性分子中电荷分布还有很大差异。

分子的偶极矩是表征分子中电荷分布性质的一个物理量，以它的数值的大小度量分子极性的大小。偶极矩的定义式为

$$\mu = qd \qquad\qquad (6\text{-}2\text{-}82)$$

式中：q——分子正、负电荷的电量；

　　　d——分子正、负电荷中心之间的距离；

　　　μ——分子偶极矩的大小。

分子偶极矩是一个矢量，其方向规定为分子正电荷中心指向负电荷中心。

偶极矩的单位在国际单位制中为库·米，记为 C·m，这个单位太大，实际中并不常用，常用的偶极矩单位为德拜，记为 D。德拜是厘米克秒静电（CGSE）单位制的导出单位，它们之间的关系为

$$1\ \mathrm{D} = 1.00 \times 10^{-18} \mathrm{CGSE}\ 单位偶极矩 = 3.335\ 63 \times 10^{-30}\ \mathrm{C \cdot m}$$

偶极矩在研究物质的分子结构及其结构与物理化学性质的关系时具有重要意义。

2. 分子的极化和极化度

在没有外电场存在时，对大量分子来说，不管是极性分子还是非极性分子，分子平均偶极矩总是零。非极性分子固然如此。虽然每个极性分子的偶极矩不为零，但由于分子的热运动，分子偶极矩的各种取向机会均等，相互抵消，大量分子的平均偶极矩也为零。在有外电场存在时，对大量分子来说，不管是极性分子还是非极性分子，其分子平均偶极矩都不为零，这种现象称为分子的极化。

分子的极化可分为三种情况。在外电场作用下，分子的电子云相对分子骨架发生位移，原子核构成的分子骨架不变，这种现象称为电子极化；在外电场作用下，分子

骨架也发生变形,这种现象称为原子极化;在外电场作用下,极性分子的永久偶极会趋向电场方向排列,这种现象称为转向极化。电子极化和原子极化又统称为诱导极化或变形极化。极化的程度用摩尔极化度 P 来衡量。摩尔极化度是摩尔电子极化度、原子极化度和转向极化度的总和或摩尔诱导极化度与转向极化度之和,即

$$P = P_{电子} + P_{原子} + P_{转向} = P_{诱导} + P_{转向} \qquad (6\text{-}2\text{-}83)$$

诱导极化是所有分子(包括极性分子和非极性分子)都会发生的,这种极化与温度无关。转向极化只有极性分子才会发生,它与温度有关。因热运动破坏转向极化倾向,一定温度时分子偶极矩与外电场方向的夹角应呈现一定的统计分布,这个分布与温度有关。$P_{转向}$ 与极性分子的永久偶极矩 μ 和热力学温度 T 的关系式为

$$P_{转向} = \frac{4\pi L \mu^2}{9kT} \qquad (6\text{-}2\text{-}84)$$

式中:L——阿伏加德罗常数;

k——玻耳兹曼常数。

如果外电场是交变电场,极性分子的极化情况则与交变电场的频率有关。当处于频率小于 $10^{10}\,\text{s}^{-1}$ 的低频电场或静电场中,极性分子所产生的摩尔极化度 P 是三种极化的总和,如式(6-2-83)所示。当频率增加到 $10^{12} \sim 10^{14}\,\text{s}^{-1}$ 的中频(红外频率)时,电场的交变周期小于分子偶极矩的弛豫时间,极性分子的转向运动跟不上电场的变化,即极性分子来不及沿电场定向,故 $P_{转向} = 0$。此时极性分子的摩尔极化度等于摩尔诱导极化度 $P_{诱导}$。当交变电场的频率进一步增加到大于 $10^{15}\,\text{s}^{-1}$ 的高频(可见光和紫外频率)时,极性分子的转向极化和分子骨架变形都跟不上电场的变化,此时极性分子的摩尔极化度等于摩尔电子极化度 $P_{电子}$。

因此,原则上只要在低频电场下测得极性分子的摩尔极化度 P,在红外频率下测得极性分子的摩尔诱导极化度 $P_{诱导}$,两者相减得到极性分子的摩尔转向极化度 $P_{转向}$,然后代入式(6-2-84)就可以求出极性分子的永久偶极矩 μ。

3. 极化度的测定

克劳修斯、莫索蒂和德拜(Clausius-Mosotti-Debye)从电磁理论得到了摩尔极化度 P 与介电常数 ε 之间的关系式

$$P = \frac{(\varepsilon - 1)M}{(\varepsilon + 2)\rho} \qquad (6\text{-}2\text{-}85)$$

式中:M——被测物质的摩尔质量;

ρ——该物质的密度。

介电常数 ε 是物质的一种特性常数,可以通过实验测定。当一个电容池两极间为真空和充满某物质(称为电介质)时电容分别为 C_0 和 C,则该物质的介电常数 ε 等于 C 与 C_0 之比,即 $\varepsilon = C/C_0$。它是一个无量纲的物理量。

但式(6-2-85)是假定分子与分子间无相互作用而推导得到的,所以它只适用于温度不太低的气相系统。然而测定气相的介电常数和密度,在实验上难度较大,某些

物质甚至根本无法使其处于稳定的气相状态。因此后来提出了一种溶液法来解决这一难题。溶液法的基本思路是,在无限稀释的非极性溶剂的溶液中,溶质分子所处的状态与气相时相近,于是无限稀释溶液中溶质的摩尔极化度 P_2^∞ 就可以看做式(6-2-85)中的 P。

4. 计算公式

本实验采用 Smith 公式:

$$\mu^2 = \frac{27\ kTM_2(\chi_\epsilon - \chi_n)}{4\pi L\rho_1(\epsilon_1 + 2)^2} \tag{6-2-86}$$

式中:ϵ——介电常数;

n——折射率;

k——常数;

L——阿伏加德罗常数;

T——绝对温度;

ρ_1——纯溶剂的密度,$g \cdot cm^{-3}$;

M_2——溶质的摩尔质量,$g \cdot mol^{-1}$。

此公式是 CGSE 单位制中的形式,$\chi_\epsilon = (\epsilon_{12} - \epsilon_1)/w_2$,$\chi_n = (n_{12}^2 - n_1^2)/w_2$。其中 w_2 为溶液中溶质的质量分数,脚标 1 代表溶剂,2 代表溶质,12 代表溶液。

一般通过测定不同浓度下溶液的数据,作 $\epsilon_{12} - \epsilon_1$ 和 w_2 及 $n_{12}^2 - n_1^2$ 和 w_2 的关系图,大多数情况下是两条直线,其斜率即是 χ_ϵ 和 χ_n。χ_ϵ 和 χ_n 也可用最小二乘法进行计算,其计算公式为

$$\chi_\epsilon = \frac{\sum \epsilon_{12} w_2 - \sum \epsilon_1 w_2}{\sum w_2^2} \tag{6-2-87}$$

$$\chi_n = \frac{\sum n_{12}^2 w_2 - \sum n_1^2 w_2}{\sum w_2^2} \tag{6-2-88}$$

Smith 公式省略了溶液密度的测量,同时用 w_2 代替摩尔分数,精确度也高,多采用。

5. WTX-1 型偶极矩测定仪的使用原理

WTX-1 型偶极矩测定仪利用频率法原理来测量溶液样品的介电常数,然后用 Smith 公式来计算溶液中溶质样品的分子偶极矩。仪器采用 RC 电路张弛振荡原理制成。待测样品充满电容池。由极性分子的性质可知,电容池电场对其极化存在一个明显的弛豫时间,弛豫时间的长短与物质的介电常数有关,使得振荡电路输出不同频率的电信号。计频电路可测量并能自动显示与打印频率值。样品介电常数 ϵ 与振荡频率 f 的倒数即振荡周期 τ 存在着下述线性关系:

$$\epsilon = B\tau + A \tag{6-2-89}$$

式中 B 和 A 均为仪器常数,可由若干种已知介电常数的标准物质进行测量求得。例如用两种标准物质 a、b,就有

$$\varepsilon_a = B\tau_a + A \tag{6-2-90}$$

$$\varepsilon_b = B\tau_b + A \tag{6-2-91}$$

式(6-2-90)和式(6-2-91)左、右两边相减,得

$$\varepsilon_a - \varepsilon_b = B(\tau_a - \tau_b) \tag{6-2-92}$$

由此可以求得

$$B = (\varepsilon_a - \varepsilon_b)/(\tau_a - \tau_b) = \Delta\varepsilon/\Delta\tau \tag{6-2-93}$$

只需得到仪器常数 B 就可以测量未知样品的介电常数。设未知样品的介电常数为 ε_x,有

$$\varepsilon_x = B\tau_x + A \tag{6-2-94}$$

实验测得 τ_x,将式(6-2-94)减去式(6-2-90),得

$$\varepsilon_x = \varepsilon_a + B(\tau_x - \tau_a) = \varepsilon_a + B\Delta\tau \tag{6-2-95}$$

实验仪器及试剂

WTX-1 型偶极矩测定仪;阿贝折射仪;超级恒温槽;电子天平;电吹风;容量瓶(25 mL,5 个);移液管(1 mL,2 mL,5 mL,10 mL);小滴瓶(50 mL,4 个);洗耳球;擦镜纸。

乙酸乙酯(分析纯);四氯化碳(分析纯);环己烷(分析纯);丙酮(分析纯)。

实验步骤

(1) 将 WTX-1 型偶极矩测定仪和阿贝折射仪的恒温系统与超级恒温槽恒温水输出、输入管口用橡胶管串联起来。控制恒温槽水温为(25±0.02) ℃。开动恒温槽水泵,在整个实验过程中让恒温水始终循环流动。

(2) 测定 WTX-1 型偶极矩测定仪的仪器常数 B。

用四氯化碳和环己烷作标准物质。已知四氯化碳的 ε 为 2.228(25 ℃),温度系数(dε/dt)为 -2.0×10^{-3};环己烷的 ε 为 2.015(25 ℃),温度系数(dε/dt)为 -1.6×10^{-3}。

仪器的测量池实际上是一个圆筒形电容池,上下均有开口,上方有磨口玻璃塞,下方有阀门,供注入和排放被测样品和清洗电极之用。在装入每种被测样品前,要用该样品洗涤电容池电极三次(注意所用洗涤液均需分别回收)。最后用电吹风吹清洁、干燥的冷空气将电容池吹干,再注入该样品。注意样品要充满电容池,液面可在电容池金属外壳以上。电容池中液体不可含有空气泡,否则数据不可靠。检查有无气泡的简单方法是将一捏瘪了的洗耳球倒置于塞口套管上,如含有气泡便会被吸出。

分别测量四氯化碳和环己烷充入电容池时振荡频率 f,计算出相应的周期 τ,填入表 6-2-8 中。

表 6-2-8　实验步骤(2)的数据

溶　　剂	ε(25 ℃)	f/Hz	τ/s
四氯化碳	2.228		
环己烷	2.015		

（3）配制溶液。

选用 5 个 25 mL 的容量瓶，洗净干燥，置于 110 ℃ 的干燥箱干燥 4 h 以上，实验中用到的移液管与滴管也按此要求进行干燥。将容量瓶编号后先称空瓶，加入乙酸乙酯后再称重，最后加入溶剂四氯化碳至刻度处，再第三次称重，这样便制得不同浓度的 5 个溶液样品。将它们置于超级恒温槽的样品桶内恒温备用（表 6-2-9）。

分别配制质量分数为 0.3%、0.6%、0.9%、1.2% 的溶液。

表 6-2-9　实验步骤(3)的数据

编号	空瓶质量	空瓶质量+样品质量	样品质量+溶剂质量	样品质量	溶液质量	$w_2 \times 10^3$	$w_2^2 \times 10^6$
1							
2							
3							
4							
5							

注:表中质量单位均为 g。

（4）测量溶液样品的介电常数。

在注入第一个溶液样品及更换溶液样品时，要先用溶剂四氯化碳洗涤电容池 3 次，用清洁、干燥的冷空气吹干后再注入溶液样品。按溶液样品浓度从低到高的顺序逐一测量其充入电容池后的振荡频率 f（表 6-2-10）。实验做完之后，将电容池洗涤干净并注入溶剂，使电极浸泡其中。

表 6-2-10　实验步骤(4)的数据

编号	f/Hz	$\tau \times 10^5$	$\Delta\tau \times 10^5$	$\Delta\varepsilon$	ε_{12}	$\varepsilon_{12}w_2 \times 10^3$	$\varepsilon_1 w_2 \times 10^3$
0(CCl$_4$)			0	0	2.228	0	0
1							
2							
3							
4							
5							

(5) 测量溶剂和溶液样品的折射率。

用阿贝折射仪测量溶剂四氯化碳和配制的 5 个溶液样品的折射率,填入表 6-2-11 中。在测量每一个样品前,用丙酮液洗涤折射仪棱镜工作面,用擦镜纸轻轻吸干镜面。测定时注意各样品需加样 3 次,每次读取 3 个数据,然后取平均值。

整个实验特别要求注意恒温、防水防潮和防止溶剂溶质挥发。

表 6-2-11　实验步骤(5)

编号	n_{12}	n_{12}^2	$n_{12}^2 w_2 \times 10^3$	$n_1^2 w_2 \times 10^3$
0(CCl$_4$)			0	0
1				
2				
3				
4				
5				

数据记录及处理

(1) 计算偶极矩测定仪的仪器常数 B。

(2) 计算 5 个溶液样品中溶质乙酸乙酯的质量分数 w_2 和 w_2^2,填入表 6-2-9 中。

(3) 计算各溶液样品的介电常数 ε_{12}、$\varepsilon_{12} w_2$ 和 $\varepsilon_1 w_2$,填入表 6-2-10 中。

(4) 用测得的溶剂和各溶液样品的折射率计算表 6-2-11 中各量,填入表 6-2-11 中。

(5) 应用上面计算结果及式(6-2-87)和式(6-2-88)计算 χ_ε 和 χ_n。再代入 Smith 公式计算溶质乙酸乙酯的分子偶极矩 μ。注意前面所列 Smith 公式是 CGSE 单位制中的形式,常数值 $k = 1.381 \times 10^{-16}$ erg $\cdot$ kW^{-1} $\cdot$ h^{-1} $\cdot$ mol^{-1};$L = 6.023 \times 10^{23}$ mol^{-1};T 是绝对温度;溶剂四氯化碳的密度(25 ℃)$\rho_1 = 1.584$ g $\cdot$ cm^{-3};溶剂四氯化碳的介电常数(25 ℃)$\varepsilon_1 = 2.228$;溶质乙酸乙酯的摩尔质量 $M_2 = 88.11$ g $\cdot$ mol^{-1}。所得偶极矩结果单位是 CGSE 单位偶极矩,应换算成以德拜为单位的偶极矩值。

实验注意事项

(1) 用电吹风吹干电容池时,注意要用冷空气干燥。

(2) 每次用阿贝折射仪测定溶液样品的折射率时,用丙酮洗涤棱镜至少 3 次。

(3) 实验所用样品对环境有污染,每次的废液要分别回收。

思考题

(1) 分析实验中误差的主要来源。如何避免?

(2) 试说明溶液法测定分子偶极矩的要点。

（3）本实验中特别要注意些什么？为什么？

（4）如何利用溶液法测量偶极矩的"溶剂效应"来研究极性溶液分子与非极性溶剂的相互作用？

第三节　设计性实验

实验十五　电　　泳

实验目的

（1）学会制备 AgI 负溶胶，设计采用电泳法测溶胶电动电势 ζ 的实验方案。

（2）针对实验过程中出现的问题，提出合理的实验步骤与条件，撰写详细实验报告。

实验原理

溶胶的制备方法可分为分散法和凝聚法。分散法是用适当方法把较大的物质颗粒变为胶体大小的质点；凝聚法是先制成难溶物的分子（或离子）的过饱和溶液，再使之相互结合成胶体粒子而得到溶胶。AgI 溶胶的制备采用的是化学法，即通过化学反应使生成物呈过饱和状态，然后粒子再结合成溶胶。

1. 电泳

由于胶粒带电，而溶胶是电中性的，则介质带与胶粒相反的电荷。在外电场作用下，胶粒和介质分别向带相反电荷的电极移动，就产生了电泳和电渗的电动现象。影响电泳的因素有：带电粒子的大小、形状；粒子表面电荷的数目；介质中电解质的种类、离子强度、pH 值和黏度；电泳的温度和外加电压等。从电泳现象可以获得胶粒或大分子的结构、大小和形状等有关信息。

2. 三种电势

（1）热力学电势（或平衡电势）φ_0。

热力学电势是固体表面相对溶液的电势，$\varphi_0 = f$（固体表面电荷密度，电势决定离子浓度）。

（2）斯特恩电势 φ_δ。

离子是有一定大小的，而且离子与质点表面除了静电作用外，还有范德华吸引力。所以在靠近表面 $1\sim2$ 个分子厚的区域内，反离子由于受到强烈的吸引，会牢固地结合在表面，形成一个紧密的吸附层，称为固定吸附层或斯特恩层。在斯特恩层中，除反离子外，还有一些溶剂分子同时被吸附。反离子的电性中心所形成的假想面，称为斯特恩面。在斯特恩面内，电势呈直线下降，由表面的 φ_0 直线下降到斯特恩面上的 φ_δ。φ_δ 称为斯特恩电势。

（3）电动电势 ζ。

当固、液两相发生相对移动时，紧密层中吸附在固体表面的反离子和溶剂分子与质点作为一个整体一起运动，其滑动面在斯特恩面稍靠外一些。滑动面与溶液本体之间的电势差称为电动电势。ζ 与 φ_δ 在数值上相差甚小，但却具有不同的含义。应当指出，只有在固、液两相发生相对移动时，才能呈现出电动电势。

电动电势的大小，反映了胶粒带电的程度。电动电势越高，表明胶粒带电越多，其滑动面与溶液本体之间的电势差越大，扩散层也越厚。当溶液中电解质浓度增加时，介质中反离子的浓度加大，将压缩扩散层使其变薄，把更多的反离子挤进滑动面以内，使电动电势在数值上变小；当电解质浓度足够大时，电动电势为零，此时相应的状态称为等电态。处于等电态的胶体质点不带电，因此不会发生电动现象，电泳、电渗速度也必然为零，这时的溶胶非常容易聚沉。

3. 电泳公式

当带电胶粒在外电场作用下迁移时，胶粒受到的静电力 f_1 为

$$f_1 = qE \tag{6-3-1}$$

式中：q——胶粒的电荷；

E——电场强度（或称为电位梯度）。

本次实验研究的 AgI 为棒形胶粒。根据 Stokes 定律，棒形胶粒在介质中运动受到的阻力 f_2 为

$$f_2 = 4\pi\eta rv \tag{6-3-2}$$

式中：r——胶粒的半径；

v——电泳速度；

η——介质的黏度。

当胶粒运动速度即电泳速度达到稳定时，$f_1 = f_2$，结合式（6-3-1）、式（6-3-2）得

$$v = \frac{qE}{4\pi\eta r} \tag{6-3-3}$$

根据静电学原理可知

$$\zeta = \frac{q}{\varepsilon r} \tag{6-3-4}$$

式中：r——胶粒的半径；

ε——介质的介电常数。

所以有

$$v = \frac{\zeta\varepsilon E}{4\pi\eta} \tag{6-3-5}$$

$$\zeta = \frac{4\pi\eta v}{\varepsilon E} \tag{6-3-6}$$

由式（6-3-6）可知，若已知 ε、η，可通过测定 v 和 E 算出 ζ。该式只适合于 CGS 单位制，且得出 ζ 的单位为 V。若各物理量都采用 SI 单位，r 的单位为 m，v 的单位为

m・s^{-1},η 的单位为 Pa・s,E 的单位为 V・m^{-1},此时

$$\zeta = \frac{4\pi\eta v}{\varepsilon E} \times 9 \times 10^9 \tag{6-3-7}$$

实验注意事项

实验时,注意用电安全,拆卸装置时也一定要先切断电源。

思考题

(1) 电泳速度的快慢与哪些因素有关? 可以采取哪些措施提高溶胶的电动电势?

(2) 胶粒带电的原因是什么? 如何判断胶粒所带电荷的符号?

(3) AgI 溶胶有无必要进行渗析? 为什么?

实验十六　煤的发热量的测定

实验目的

(1) 激发学生的学习积极性,培养创新精神,提高理论联系实际的能力和分析问题、解决问题的能力,运用已学习过的理论知识和实验技能,通过查阅有关的参考资料,拟订实验方案并进行实验。

(2) 熟悉用氧弹量热计测量煤的发热量。

(3) 了解有关实验数据校正方法和误差处理方法。

研究内容

(1) 了解煤的取样、制样方法。

(2) 了解煤的发热量的分级方法。

(3) 了解煤的发热量的各种表达方式和换算。

(4) 进行量热计能当量的标定。

(5) 进行某种样品发热量的测定。

(6) 进行有关校正(如温升校正、重量的浮力校正、有关能量校正等)和误差计算。

提示

(1) 查阅有关国家标准和行业标准。

(2) 查阅有关专著和其他最新文献。

(3) 也可用有关商业软件进行校正和误差处理。

实验十七　水-盐二组分固-液相图的测绘

实验目的

水-盐二元系统在低温技术、分离提纯等领域有重要的应用。本实验的目的是要测绘出水-氯化钾二元系统的固-液相图,要求学生在查阅一定文献的基础上,拟订实验方案并进行实验,最终得到相图。

在准备实验及进行实验的过程中,学生应该了解并掌握以下一些知识。

(1)普通实验室低温获得技术。

(2)水-盐二元系统固-液相图的基本特点。

(3)步冷曲线法和溶解度法测绘水-盐二元系统相图的方法及原理。

(4)从相图的角度说明水溶性物质分离纯化的原理。

实验十八　氯离子对混凝土中钢筋腐蚀的影响

实验目的

(1)激发学生的学习积极性,培养创新精神,熟悉科学研究的基本方法和过程,提高运用专业知识、文献、实验手段分析问题和解决实际问题的能力。

(2)熟悉有关电化学研究方法。

研究内容

(1)氯离子混凝土中氯化物的来源。

(2)氯离子在混凝土中的扩散机理。

(3)钢筋腐蚀的危害。

(4)用电化学方法研究氯离子对混凝土中钢筋腐蚀的影响。

(5)设计并验证实验数据的正确性。

(6)钢筋混凝土的防腐措施。

提示

(1)丝束电极可模拟钢筋混凝土结构,测量极化曲线和自腐蚀电位可反映氯离子对混凝土中钢筋腐蚀的影响。

(2)电化学保护、涂层保护、渗透型涂料、内掺防水剂改性混凝土等都可以用来防止或降低钢筋混凝土的腐蚀。

(3)电化学加速腐蚀方法可以用来评价腐蚀速率。

主要参考文献

[1] 复旦大学. 物理化学实验[M]. 3 版. 北京：高等教育出版社,2004.

[2] 复旦大学. 物理化学实验[M]. 2 版. 北京：高等教育出版社,1993.

[3] 北京大学化学系物理化学教研室. 物理化学实验[M]. 北京：北京大学出版社,1981.

[4] 北京大学化学学院物理化学实验教学组. 物理化学实验[M]. 4 版. 北京：北京大学出版社,2002.

[5] 韩喜江,张天云. 物理化学实验[M]. 哈尔滨：哈尔滨工业大学出版社,2004.

[6] 天津大学物理化学教研室. 物理化学[M]. 4 版. 北京：高等教育出版社,2001.

[7] 华南理工大学物理化学教研室. 物理化学实验[M]. 广州：华南理工大学出版社,2003.

[8] 周伟舫. 电化学测量[M]. 上海：上海科学技术出版社,1985.

[9] 傅献彩,沈文霞,姚天扬. 物理化学[M]. 4 版. 北京：高等教育出版社,1990.

[10] 邓景发,范康年. 物理化学[M]. 北京：高等教育出版社,1993.

[11] 张季爽,申成. 基础物理化学[M]. 北京：科学出版社,2001.

[12] Levitt B P. Findlay's Practical Physical Chemistry[M]. 9th ed, London: Longman Group Ltd,1973.

[13] Field R J,Koros E,Noyes R M. Oscillations in chemical systems Ⅱ Thorough analysis of temporal oscillation in the bromate-cerium-malonic acid system [J]. Journal of the American Chemical Society,1972,94(25):8649-8664.

第七章　基本实验(Ⅵ)

第一节　基础性实验

实验一　流体流型演示实验

实验目的

(1) 观察流体在管内流动的两种不同流型。

(2) 测定临界雷诺数 Re_c。

基本原理

流体流动有两种不同流型,即层流(又称滞流,laminar flow)和湍流(又称紊流,turbulent flow),这一现象最早是由雷诺(Reynolds)于 1883 年首先发现的。流体作层流流动时,其流体质点作平行于管轴的直线运动,且在径向无脉动;流体作湍流流动时,其流体质点除沿管轴方向作向前运动外,还在径向作脉动,从而在宏观上显示出紊乱地向各个方向作不规则的运动。

流体流型可用雷诺数(Re)来判断,这是一个由各影响变量组合而成的无因次数群,故其值不会因采用不同的单位制而不同。但应当注意,数群中各物理量必须采用同一单位制。若流体在圆管内流动,则雷诺数可用下式表示。

$$Re = \frac{du\rho}{\mu} \tag{7-1-1}$$

式中:Re——雷诺数,无因次;

d——管子内径,m;

u——流体在管内的平均流速,$m \cdot s^{-1}$;

ρ——流体密度,$kg \cdot m^{-3}$;

μ——流体黏度,$Pa \cdot s$。

层流转变为湍流时的雷诺数称为临界雷诺数,用 Re_c 表示。工程上一般认为,流体在直圆管内流动,当 $Re \leqslant 2\ 000$ 时为层流;当 $Re > 4\ 000$ 时,圆管内已形成湍流;当 Re 在 $2\ 000 \sim 4\ 000$ 范围内,流动处于一种过渡状态,可能是层流,也可能是湍流,或者是两者交替出现,这要视外界干扰而定,一般称这一范围为过渡区。

式(7-1-1)表明,对于一定温度的流体,在特定的圆管内流动,雷诺数仅与流体流速有关。本实验即是通过改变流体在管内的速度,观察在不同雷诺数下流体的流型。

实验装置及流程

实验装置如图 7-1-1 所示,主要由玻璃试验导管、流量计、流量调节阀、低位贮水槽、循环水泵、稳压溢流水槽等部分组成,演示主管路为 $\phi20$ mm×2 mm 硬质玻璃管。

实验前,先将水充满低位贮水槽,关闭流量计后的调节阀,然后启动循环水泵。待水充满稳压溢流水槽后,开启流量计后的调节阀。水由稳压溢流水槽流经缓冲槽、试验导管和流量计,最后流回低位贮水槽。水流量的大小可由流量计和调节阀调节。

示踪剂采用红墨水,它由红墨水贮瓶经连接管和细孔喷嘴,注入试验导管。细孔玻璃注射管(或注射针头)位于试验导管入口的轴线部位。

注意:实验用的水应清洁,红墨水的密度应与水相当,装置要放置平稳,避免震动。

演示操作

(1)层流。

实验时,先微开启调节阀,将流速调至所需要的值。再调节红墨水贮瓶的下口旋塞,并作精细调节,使红墨水的注入流速与试验导管中主体流体的流速相适应,一般以略低于主体流体的流速为宜。待流动稳定后,记录主体流体的流量。此时,在试验导管的轴线上,就可观察到一条平直的红色细流,好像一根拉直的红线一样。

(2)湍流。

缓慢地加大调节阀的开度,使水流量平稳地增大,玻璃导管内的流速也随之平稳地增大。此时可观察到,玻璃导管轴线上呈直线流动的红色细流开始发生波动。随着流速的增大,红色细流的波动程度也随之增大,最后断裂成一段段的红色细流。当流速继续增大时,红墨水进入试验导管后立即呈烟雾状分散在整个导管内,进而迅速与主体水流混为一体,使整个管内流体染为红色,以致无法辨别红墨水的流线。

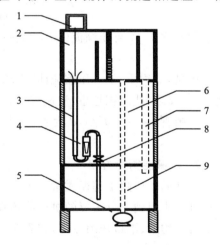

图 7-1-1　流体流型演示实验

1—红墨水贮槽;2—稳压溢流水槽;3—实验管;
4—转子流量计;5—循环泵;6—上水管;
7—溢流回水管;8—调节阀;9—贮水槽

实验二　机械能转化演示实验

实验目的

(1) 观测动、静、位压头随管径、位置、流量的变化情况,验证连续性方程和伯努利方程。

(2) 定量考察流体流经收缩、扩大管段时,流体流速与管径的关系。

(3) 定量考察流体流经直管段时,流体阻力与流量的关系。

(4) 定性观察流体流经节流件、弯头的压头损失情况。

基本原理

化工生产中,流体的输送多在密闭的管道中进行,因此研究流体在管内的流动是化学工程中一个重要课题。任何运动的流体都遵守质量守恒定律和能量守恒定律,这是研究流体力学性质的基本出发点。

1. 连续性方程

对于流体在管内稳定流动时的质量守恒形式表现为如下的连续性方程:

$$\rho_1 \iint_1 v dA = \rho_2 \iint_2 v dA \qquad (7\text{-}1\text{-}2)$$

根据平均流速的定义,有

$$\rho_1 u_1 A_1 = \rho_2 u_2 A_2 \qquad (7\text{-}1\text{-}3)$$

即

$$m_1 = m_2 \qquad (7\text{-}1\text{-}4)$$

而对均质、不可压缩流体,$\rho_1 = \rho_2 =$常数,则式(7-1-3)变为

$$u_1 A_1 = u_2 A_2 \qquad (7\text{-}1\text{-}5)$$

可见,对均质、不可压缩流体,平均流速与流通截面积成反比,即截面积越大,流速越小;反之,截面积越小,流速越大。

对圆管,$A = \pi d^2 / 4$,d为直径,于是式(7-1-5)可转化为

$$u_1 d_1^2 = u_2 d_2^2 \qquad (7\text{-}1\text{-}6)$$

2. 机械能衡算方程

运动的流体除了遵循质量守恒定律以外,还应满足能量守恒定律,依此,在工程上可进一步得到十分重要的机械能衡算方程。

对于均质、不可压缩流体,在管路内稳定流动时,其机械能衡算方程(以单位质量流体为基准)为

$$z_1 + \frac{u_1^2}{2g} + \frac{p_1}{\rho g} + h_e = z_2 + \frac{u_2^2}{2g} + \frac{p_2}{\rho g} + h_f \qquad (7\text{-}1\text{-}7)$$

显然,式(7-1-7)中各项均具有高度的量纲,z称为位压头,$u^2/(2g)$称为动压头(速度头),$p/(\rho g)$称为静压头(压力头),h_e称为外加压头,h_f称为压头损失。

（1）理想流体的伯努利方程。

无黏性（即没有黏性摩擦损失）的流体称为理想流体，就是说，理想流体的 $h_f=0$，若此时又无外加功加入，则机械能衡算方程变为

$$z_1+\frac{u_1^2}{2g}+\frac{p_1}{\rho g}=z_2+\frac{u_2^2}{2g}+\frac{p_2}{\rho g} \tag{7-1-8}$$

式（7-1-8）为理想流体的伯努利方程。该式表明，理想流体在流动过程中，总机械能保持不变。

（2）若流体静止，则 $u=0$，$h_e=0$，$h_f=0$，于是机械能衡算方程变为

$$z_1+\frac{p_1}{\rho g}=z_2+\frac{p_2}{\rho g} \tag{7-1-9}$$

式（7-1-9）即为流体静力学方程，可见流体静止状态是流体流动的一种特殊形式。

3. 管内流动分析

按照流体流动时的流速以及其他与流体有关的物理量（如压力、密度）是否随时间而变化，可将流体的流动分成两类：稳定流动和不稳定流动。连续生产过程中的流体流动多可视为稳定流动；在开工或停工阶段，流体的流动则属于不稳定流动。

实验装置及流程

如图 7-1-2 所示，该装置为有机玻璃材料制作的管路系统，通过泵使流体循环流动。管路内径为 30 mm，节流件变截面处管内径为 15 mm。单管压力计 1 和 2 可用于验证变截面连续性方程；单管压力计 1 和 3 可用于比较流体经节流件后的能头损失；单管压力计 3 和 4 可用于比较流体经弯头和流量计后的能头损失及位能变化情

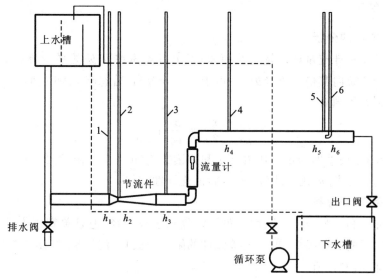

图 7-1-2　机械能转化演示实验

况;单管压力计 4 和 5 可用于验证直管段雷诺数与流体阻力系数的关系;单管压力计 6 与 5 配合使用,用于测定单管压力计 5 处的中心点速度。

演示操作

(1) 先在下水槽中加满清水,保持管路排水阀、出口阀关闭状态,通过循环泵将水打入上水槽中,使整个管路中充满流体,并保持上水槽液面处于一定高度,可观察流体静止状态时各管段高度。

(2) 通过出口阀调节管内流量,注意保持上水槽液位稳定(即保证整个系统处于稳定流动状态),并尽可能使转子流量计读数在刻度线上。观察记录各单管压力计读数和流量值。

(3) 改变流量,观察各单管压力计读数随流量的变化情况。注意每改变一个流量,需给予系统一定的稳流时间,方可读取数据。

(4) 结束实验,关闭循环泵,全开出口阀排尽系统内流体,之后打开排水阀排空管内沉积段流体。

实验注意事项

(1)若不是长期使用该装置,对下水槽内液体也应作排空处理,防止沉积尘土,否则可能堵塞测速管。

(2) 每次实验开始前,也需先清洗整个管路系统,即先使管内流体流动数分钟,检查阀门、管段有无堵塞或漏水情况。

数据分析

1. h_1 和 h_2 的分析

由转子流量计流量读数及管截面积,可求得流体在 h_1 处的平均流速 u_1(该平均流速适用于系统内其他等管径处)。由于 1、2 处等高,若忽略 h_1 和 h_2 间的沿程阻力,根据伯努利方程则有

$$\frac{p_1}{\rho g} + \frac{u_1^2}{2g} = \frac{p_2}{\rho g} + \frac{u_2^2}{2g} \tag{7-1-10}$$

其中,两者静压头差即为单管压力计 1 和 2 读数差(mH_2O),由此可求得流体在 2 处的平均流速 u_2。把 u_2 代入式(7-1-6),验证连续性方程。

2. h_1 和 h_3 的分析

流体在 1 和 3 处,经节流件后,虽然恢复到了等管径,但是单管压力计 1 和 3 的读数差说明了能头的损失(即经过节流件的阻力损失)。流量越大,读数差越明显。

3. h_3 和 h_4 的分析

流体经 3 到 4 处,受弯头和转子流量计及位能的影响,单管压力计 3 和 4 的读数差明显,且随流量的增大,读数差也变大,可定性观察流体局部阻力导致的能头损失。

4. h_4 和 h_5 的分析

直管段 4 和 5 之间,单管压力计 4 和 5 的读数差说明了直管阻力的存在(小流量时,该读数差不明显,具体考察直管阻力系数的测定可使用流体阻力装置),根据

$$h_f = \lambda \frac{L}{d} \frac{u^2}{2g} \tag{7-1-11}$$

可推算得阻力系数,然后根据雷诺数,作出两者关系曲线。

5. h_5 和 h_6 的分析

根据单管压力计 5 和 6 之差,可计算 5 处管路的中心点速度,即最大速度 u_c,有

$$\Delta h = \frac{u_c^2}{2g} \tag{7-1-12}$$

考察在不同雷诺数下,u_c 与管路平均速度 u 的关系。

第二节　综合性实验

实验三　空气-蒸汽对流给热系数测定

实验目的

(1) 了解间壁式传热元件,掌握给热系数测定的实验方法。

(2) 掌握热电阻测温的方法,观察水蒸气在水平管外壁上的冷凝现象。

(3) 学会给热系数测定的实验数据处理方法,了解影响给热系数的因素和强化传热的途径。

基本原理

在工业生产过程中,多数情况下,冷、热流体通过固体壁面(传热元件)进行热量交换,称为间壁式换热。如图 7-2-1 所示,间壁式传热过程由热流体对固体壁面的对流传热,固体壁面的热传导和固体壁面对冷流体的对流传热所组成。达到传热稳定时,有

$$Q = m_1 c_{p1}(T_1 - T_2) = m_2 c_{p2}(t_2 - t_1)$$
$$= \alpha_1 A_1 (T - T_w)_m = \alpha_2 A_2 (t_w - t)_m$$
$$= KA\Delta t_m \tag{7-2-1}$$

式中:Q —— 传热量,$J \cdot s^{-1}$;

m_1 —— 热流体的质量流率,$kg \cdot s^{-1}$;

c_{p1} —— 热流体的质量热容,$J \cdot kg^{-1} \cdot ℃^{-1}$;

T_1 —— 热流体的进口温度,$℃$;

T_2 —— 热流体的出口温度,$℃$;

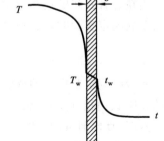

图 7-2-1　间壁式传热过程示意图

m_2—— 冷流体的质量流率,kg·s^{-1};

c_{p2}—— 冷流体的质量热容,J·kg^{-1}·℃$^{-1}$;

t_1—— 冷流体的进口温度,℃;

t_2—— 冷流体的出口温度,℃;

α_1—— 热流体与固体壁面的对流传热系数,W·m^{-2}·℃$^{-1}$;

A_1—— 热流体侧的对流传热面积,m^2;

$(T-T_w)_m$—— 热流体与固体壁面的对数平均温差,℃;

α_2—— 冷流体与固体壁面的对流传热系数,W·m^{-2}·℃$^{-1}$;

A_2—— 冷流体侧的对流传热面积,m^2;

$(t_w-t)_m$—— 固体壁面与冷流体的对数平均温差,℃;

K—— 以传热面积 A 为基准的总给热系数,W·m^{-2}·℃$^{-1}$;

Δt_m—— 冷热流体的对数平均温差,℃;

热流体与固体壁面的对数平均温差为

$$(T-T_w)_m = \frac{(T_1-T_{w1})-(T_2-T_{w2})}{\ln\dfrac{T_1-T_{w1}}{T_2-T_{w2}}} \qquad (7\text{-}2\text{-}2)$$

式中:T_{w1}—— 热流体进口处热流体侧的壁面温度,℃;

T_{w2}—— 热流体出口处热流体侧的壁面温度,℃。

固体壁面与冷流体的对数平均温差为

$$(t_w-t)_m = \frac{(t_{w1}-t_1)-(t_{w2}-t_2)}{\ln\dfrac{t_{w1}-t_1}{t_{w2}-t_2}} \qquad (7\text{-}2\text{-}3)$$

式中:t_{w1}—— 冷流体进口处冷流体侧的壁面温度,℃;

t_{w2}—— 冷流体出口处冷流体侧的壁面温度,℃。

热、冷流体间的对数平均温差为

$$\Delta t_m = \frac{(T_1-t_2)-(T_2-t_1)}{\ln\dfrac{T_1-t_2}{T_2-t_1}} \qquad (7\text{-}2\text{-}4)$$

当在套管式间壁换热器中,环隙通以水蒸气,内管管内通以冷空气或水进行对流传热系数测定实验时,则由式(7-2-1)得内管内壁面与冷空气或水的对流传热系数为

$$\alpha_2 = \frac{m_2 c_{p2}(t_2-t_1)}{A_2(t_w-t)_m} \qquad (7\text{-}2\text{-}5)$$

实验中测定紫铜管的壁温 t_{w1}、t_{w2},冷空气或水的进出口温度 t_1、t_2,实验用紫铜管的长度 l、内径 d_2,$A_2 = \pi d_2 l$ 和冷流体的质量流量,即可计算 α_2。

然而,直接测量固体壁面的温度,尤其管内壁的温度,实验技术难度大,而且所测得的数据准确性差,带来较大的实验误差。因此,通过测量相对较易测定的冷、热流体温度来间接推算流体与固体壁面间的对流给热系数,就成为人们广泛采用的一种

实验研究手段。

由式(7-2-2)得

$$K = \frac{m_2 c_{p2}(t_2 - t_1)}{A\Delta t_{\mathrm{m}}} \tag{7-2-6}$$

实验测定 m_2、t_1、t_2、T_1、T_2,并查取 $t_{平均} = \frac{1}{2}(t_1 + t_2)$ 下冷流体对应的 c_{p2}、换热面积 A,即可由式(7-2-6)计算得总给热系数 K。

下面通过两种方法来求对流给热系数。

1. 近似法求算对流给热系数 α_2

以管内壁面积为基准的总给热系数与对流给热系数间的关系为

$$\frac{1}{K} = \frac{1}{\alpha_2} + R_{S2} + \frac{bd_2}{\lambda d_{\mathrm{m}}} + R_{S1}\frac{d_2}{d_1} + \frac{d_2}{\alpha_1 d_1} \tag{7-2-7}$$

式中:d_1—— 换热管外径,m;

d_2—— 换热管内径,m;

d_{m}—— 换热管的对数平均直径,m;

b —— 换热管的壁厚,m;

λ —— 换热管材料的导热系数,W・m^{-1}・℃$^{-1}$;

R_{S1}—— 换热管外侧的污垢热阻,m^2・K・W^{-1};

R_{S2}—— 换热管内侧的污垢热阻,m^2・K・W^{-1}。

用本装置进行实验时,管内冷流体与管壁间的对流给热系数约为几十到几百 W・m^{-2}・K^{-1};而管外为蒸汽冷凝,冷凝给热系数 α_1 可达 10^4 W・m^{-2}・K^{-1},因此冷凝传热热阻 $\frac{d_2}{\alpha_1 d_1}$ 可忽略,同时蒸汽冷凝较为清洁,因此换热管外侧的污垢热阻 $R_{S1}\frac{d_2}{d_1}$ 也可忽略。实验中的传热元件材料采用紫铜,导热系数为 383.8 W・m^{-1}・℃$^{-1}$,壁厚为 2.5 mm,因此换热管壁的导热热阻 $\frac{bd_2}{\lambda d_{\mathrm{m}}}$ 可忽略。若换热管内侧的污垢热阻 R_{S2} 也忽略不计,则由式(7-2-7)得

$$\alpha_2 \approx K \tag{7-2-8}$$

由此可见,被忽略的传热热阻与冷流体侧对流传热热阻相比越小,此法所得的准确性就越高。

2. 传热准数经验式求算对流给热系数 α_2

对于流体在圆形直管内作强制湍流对流传热时,若 $Re = 1.0 \times 10^4 \sim 1.2 \times 10^5$,$Pr = 0.7 \sim 120$,管长与管内径之比 $l/d \geqslant 60$,则传热准数经验式为

$$Nu = 0.023 Re^{0.8} Pr^n \tag{7-2-9}$$

式中:Nu—— 努塞尔数,$Nu = \frac{\alpha d}{\lambda}$,无因次;

Re—— 雷诺数，$Re = \dfrac{du\rho}{\mu}$，无因次；

Pr—— 普朗特数，$Pr = \dfrac{c_p\mu}{\lambda}$，无因次；

α—— 流体与固体壁面的对流传热系数，$\text{W} \cdot \text{m}^{-2} \cdot \text{℃}^{-1}$；

d—— 换热管内径，m；

λ—— 流体的导热系数，$\text{W} \cdot \text{m}^{-1} \cdot \text{℃}^{-1}$；

u—— 流体在管内流动的平均速度，$\text{m} \cdot \text{s}^{-1}$；

ρ—— 流体的密度，$\text{kg} \cdot \text{m}^{-3}$；

μ—— 流体的黏度，$\text{Pa} \cdot \text{s}$；

c_p—— 流体的质量热容，$\text{J} \cdot \text{kg}^{-1} \cdot \text{℃}^{-1}$。

当流体被加热时 $n = 0.4$，流体被冷却时 $n = 0.3$。

对于水或空气在管内强制对流被加热时，可将式（7-2-9）改写为

$$\frac{1}{\alpha_2} = \frac{1}{0.023} \times \left(\frac{\pi}{4}\right)^{0.8} \times d_2^{1.8} \times \frac{1}{\lambda_2 Pr_2^{0.4}} \times \left(\frac{\mu_2}{m_2}\right)^{0.8} \tag{7-2-10}$$

令

$$m = \frac{1}{0.023} \times \left(\frac{\pi}{4}\right)^{0.8} \times d_2^{1.8} \tag{7-2-11}$$

$$X = \frac{1}{\lambda_2 Pr_2^{0.4}} \times \left(\frac{\mu_2}{m_2}\right)^{0.8} \tag{7-2-12}$$

$$Y = \frac{1}{K} \tag{7-2-13}$$

$$C = R_{S2} + \frac{bd_2}{\lambda d_m} + R_{S1}\frac{d_2}{d_1} + \frac{d_2}{\alpha_1 d_1} \tag{7-2-14}$$

则式（7-2-7）可写为

$$Y = mX + C \tag{7-2-15}$$

当测定管内不同流量下的对流给热系数时，由式（7-2-14）计算所得的 C 值为一常数。管内径 d_2 一定时，m 也为常数。因此，实验时测定不同流量所对应的 t_1、t_2、T_1、T_2，由式（7-2-5）、式（7-2-6）、式（7-2-12）、式（7-2-13）求取一系列 X、Y 值，再在 X-Y 图上作图或将所得的 X、Y 值回归成一直线，该直线的斜率即为 m。任一流量下的 α_2 可用式（7-2-16）求得

$$\alpha_2 = \frac{\lambda_2 Pr_2^{0.4}}{m} \times \left(\frac{m_2}{\mu_2}\right)^{0.8} \tag{7-2-16}$$

3. 冷流体质量流量的测定

（1）若用转子流量计测定冷空气的流量，还须用式（7-2-17）换算得到实际的流量：

$$V' = V\sqrt{\frac{\rho(\rho_f - \rho')}{\rho'(\rho_f - \rho)}} \tag{7-2-17}$$

式中：V'—— 实际被测流体的体积流量，$\text{m}^3 \cdot \text{s}^{-1}$；

ρ'——实际被测流体的密度，$kg \cdot m^{-3}$，均可取 $t_{平均} = \dfrac{1}{2}(t_1 + t_2)$ 下对应水或空气

　　的密度，见冷流体物性与温度的关系式；

V——标定用流体的体积流量，$m^3 \cdot s^{-1}$；

ρ——标定用流体的密度，$kg \cdot m^{-3}$，对水 $\rho = 1\,000\ kg \cdot m^{-3}$，对空气 $\rho = 1.205$

　　$kg \cdot m^{-3}$；

ρ_f——转子密度，$kg \cdot m^{-3}$。

　　　　于是　　　　　　　　$m_2 = V'\rho'$ 　　　　　　　　　　(7-2-18)

（2）若用孔板流量计测冷流体的流量，则

$$m_2 = \rho V \qquad\qquad\qquad (7\text{-}2\text{-}19)$$

式中：V——冷流体进口处流量计读数；

　　　ρ——冷流体进口温度下对应的密度。

4. 冷流体物性与温度的关系式

在 $0 \sim 100\ ℃$ 之间，冷流体的物性与温度的关系有如下拟合公式。

（1）空气的密度与温度的关系式：

$$\rho = 10^{-5}t^2 - 4.5 \times 10^{-3}t + 1.291\,6$$

（2）空气的比热与温度的关系式：

$$60\ ℃ 以下 \qquad c_p = 1\,005\ J \cdot kg^{-1} \cdot ℃^{-1}$$

$$70\ ℃ 以上 \qquad c_p = 1\,009\ J \cdot kg^{-1} \cdot ℃^{-1}$$

（3）空气的导热系数与温度的关系式：　$\lambda = -2 \times 10^{-8}t^2 + 8 \times 10^{-5}t + 0.024\,4$

（4）空气的黏度与温度的关系式：$\mu = (-2 \times 10^{-6}t^2 + 5 \times 10^{-3}t + 1.716\,9) \times 10^{-5}$

实验装置及流程

1. 实验装置

实验装置如图 7-2-2 所示。

来自蒸汽发生器的蒸汽进入不锈钢套管换热器环隙，与来自风机的空气在套管换热器内进行热交换，冷凝水经阀门排入地沟，冷空气经孔板流量计或转子流量计进入套管换热器内管（紫铜管），热交换后排出装置外。

2. 设备与仪表规格

（1）紫铜管规格：$\phi 21\ mm \times 2.5\ mm$，长度 $L = 1\,000\ mm$。

（2）外套不锈钢管规格：$\phi 100\ mm \times 5\ mm$，长度 $L = 1\,000\ mm$。

（3）铂热电阻及无纸记录仪温度显示。

（4）全自动蒸汽发生器及蒸汽压力表。

实验步骤

（1）打开控制面板上的总电源开关，打开仪表电源开关，使仪表通电预热，观察

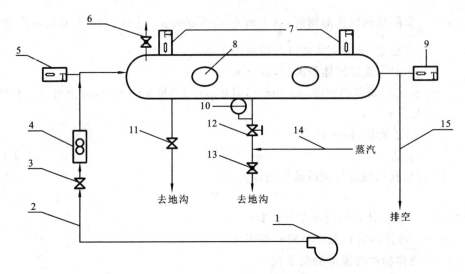

图 7-2-2 空气-水蒸气换热流程图

1—风机;2—冷流体管路;3—冷流体进口调节阀;4—转子流量计;5—冷流体进口温度;

6—惰性气体排空阀;7—蒸汽温度;8—视镜;9—冷流体进口温度;10—压力表;

11,13—冷凝水排空阀;12—蒸汽进口阀;14—蒸汽进口管路;15—冷流体出口管路

仪表显示是否正常。

(2)在蒸汽发生器中灌装清水至水箱的球体中部,开启发生器电源,使水处于加热状态。到达符合条件的蒸汽压力后,系统会自动处于保温状态。

(3)打开控制面板上的风机电源开关,让风机工作,同时打开冷流体进口调节阀,让套管换热器里充有一定量的空气。

(4)打开冷凝水排空阀,排出上次实验残留的冷凝水,在整个实验过程中也保持一定开度。注意开度适中,开度太大会使换热器中的蒸汽跑掉,开度太小会使换热器不锈钢管里的蒸汽压力过大而导致不锈钢管炸裂。

(5)在通蒸汽前,也应将蒸汽发生器到实验装置之间管道中的冷凝水排除,否则夹带冷凝水的蒸汽会损坏压力表及压力变送器。具体排除冷凝水的方法是:关闭蒸汽进口阀,打开装置下面的冷凝水排空阀,让蒸汽压力把管道中的冷凝水带走,当听到蒸汽响时关闭冷凝水排空阀,方可进行下一步实验。

(6)开始通入蒸汽时,要仔细调节蒸汽进口阀的开度,让蒸汽徐徐流入换热器中,使其逐渐充满系统,系统由"冷态"转变为"热态"。此过程不得少于 10 min,防止不锈钢管换热器因突然受热、受压而爆裂。

(7)上述准备工作结束,系统也处于"热态"后,调节蒸汽进口阀,使蒸汽进口压力维持在 0.01 MPa,可通过调节蒸汽发生器出口阀及蒸汽进口阀开度来实现。

(8)自动调节冷空气进口流量时,可通过仪表调节风机转速来改变冷流体的流量到一定值,在每个流量条件下,均须待热交换过程稳定后方可记录实验数值。一般每个流量下至少应使热交换过程保持 15 min 方可视为稳定。

(9) 记录 6～8 组实验数据,可结束实验。先关闭蒸汽发生器,关闭蒸汽进口阀,关闭仪表电源,待系统逐渐冷却后关闭风机电源,待冷凝水流尽,关闭冷凝水排空阀,关闭总电源。

(10) 打开实验软件,输入实验数据,进行后续处理。

数据记录及处理

(1) 打开数据处理软件,在教师界面左上"设置"的下拉菜单中输入装置参数:管长、管内径以及转子流量计的转子密度。(在本套装置中,管长为 1 m,管内径为 16 mm,转子流量计的转子密度为 $7.9 \times 10^3 \, kg \cdot m^{-3}$。)

(2) 把数据直接输入实验数据软件,可以表格形式得到本实验所要的最终处理结果,点"显示曲线",则可得到实验结果的曲线对比图和拟合公式。

(3) 数据输入错误,或明显不符合实验情况,程序会有警告对话框跳出。每次修改数据后,都应点击"保存数据",再按步骤(2)中次序,点击"显示结果"和"显示曲线"。

(4) 记录软件处理结果,并可作为手算处理的对照。结束,点"退出程序"。

(5) 具体软件操作步骤请参照化工原理数据处理软件操作手册。

实验报告

(1) 列表比较冷流体给热系数的实验值与理论值,计算各点误差,并分析讨论。

(2) 冷流体给热系数的准数式为 $Nu/Pr^{0.4} = ARe^m$,由实验数据作图拟合曲线方程,确定式中常数 A 及 m。

(3) 以 $\ln(Nu/Pr^{0.4})$ 为纵坐标,$\ln Re$ 为横坐标,将两种方法处理实验数据的结果标绘在图上,并与教材中的经验式 $Nu/Pr^{0.4} = 0.023Re^{0.8}$ 比较。

实验注意事项

(1) 先打开冷凝水排出阀,注意只开一定的开度。

(2) 一定要在套管换热器内管输以一定量的空气后,方可开启蒸汽进口阀,且必须在排除蒸汽进口管路上原先积存的凝结水后,方可把蒸汽通入套管换热器中。

(3) 操作过程中,蒸汽压力一般控制在 0.02 MPa(表压)以下,否则可能造成不锈钢管爆裂和填料损坏。

(4) 刚开始通入蒸汽时要仔细调节蒸汽进口阀的开度,让蒸汽慢慢流入换热器中,逐渐加热,由"冷态"转变为"热态",不得少于 10 min,以防不锈钢管因突然受热、受压而爆裂。

(5) 确定各参数时,必须是在稳定传热状态下,随时注意蒸汽量的调节和压力表读数的调整。

思考题

(1) 实验中冷流体和蒸汽的流向,对传热效果有何影响?

（2）在计算空气质量流量时所用到的密度值与求雷诺数时的密度值是否一致？它们分别表示什么位置的密度？应在什么条件下进行计算？

（3）实验过程中，冷凝水不及时排走，会产生什么影响？如何及时排走冷凝水？

实验四　流化床干燥实验

实验目的

（1）了解流化床干燥装置的基本结构、工艺流程和操作方法。

（2）学习测定物料在恒定干燥条件下干燥特性的实验方法。

（3）掌握根据实验干燥曲线求取干燥速率曲线以及恒速阶段干燥速率、临界含水量、平衡含水量的实验分析方法。

（4）研究干燥条件对干燥过程特性的影响。

基本原理

在设计干燥器的尺寸或确定干燥器的生产能力时，被干燥物料在给定干燥条件下的干燥速率、临界湿含量和平衡湿含量等干燥特性数据是最基本的技术依据参数。由于实际生产中被干燥物料的性质千变万化，因此对于大多数具体的被干燥物料而言，其干燥特性数据常常需要通过实验测定而取得。

按干燥过程中空气状态参数是否变化，可将干燥过程分为恒定干燥条件操作和非恒定干燥条件操作两大类。若用大量空气干燥少量物料，则可以认为湿空气在干燥过程中温度、湿度均不变，再加上气流速度以及气流与物料的接触方式不变，则称这种操作为恒定干燥条件下的干燥操作。

1. 干燥速率的定义

干燥速率定义为单位干燥面积（提供湿分汽化的面积）、单位时间内所除去的湿分质量，即

$$U = \frac{dW}{A d\tau} = -\frac{G_c dX}{A d\tau} \tag{7-2-20}$$

式中：U——干燥速率，又称干燥通量，$kg \cdot m^{-2} \cdot s^{-1}$；

A——干燥表面积，m^2；

W——汽化的湿分量，kg；

τ——干燥时间，s；

G_c——绝干物料的质量，kg；

X——物料湿含量，kg 湿分/kg 干物料，负号表示 X 随干燥时间的增加而减少。

2. 干燥速率的测定方法

方法一：

（1）将电子天平开启，待用。

（2）将快速水分测定仪开启，待用。

（3）将 0.5～1 kg 的湿物料（如取 0.5～1 kg 的绿豆放入 60～70 ℃ 的热水中泡

30 min,取出,并用干毛巾吸干表面水分),待用。

（4）开启风机,调节风量至 40～60 $m^3 \cdot h^{-1}$,打开加热器加热。待热风温度恒定后(通常可设定在 70～80 ℃),将湿物料加入流化床中,开始计时,每过 4 min 取出 10 g 左右的物料,同时读取床层温度。将取出的湿物料在快速水分测定仪中测定,得初始质量 G_i 和终了质量 G_{ic}。则物料中瞬间含水率 X_i 为

$$X_i = \frac{G_i - G_{ic}}{G_{ic}} \tag{7-2-21}$$

方法二(数字化实验设备可用此法):

利用床层的压降来测定干燥过程的失水量。

（1）取 0.5～1 kg 的湿物料(如取 0.5～1 kg 的绿豆放入 60～70 ℃ 的热水中泡 30 min,取出,并用干毛巾吸干表面水分)待用。

（2）开启风机,调节风量至 40～60 $m^3 \cdot h^{-1}$,打开加热器加热。待热风温度恒定后(通常可设定在 70～80 ℃),将湿物料加入流化床中,开始计时,此时床层的压差将随时间减小,实验至床层压差(Δp_e)恒定为止。则物料中瞬间含水率 X_i 为

$$X_i = \frac{\Delta p - \Delta p_e}{\Delta p_e} \tag{7-2-22}$$

式中:Δp—— 时刻 τ 时床层的压差。

计算出每一时刻的瞬间含水率 X_i,然后将 X_i 对干燥时间 τ 作图,如图 7-2-3 所示,即为干燥曲线。

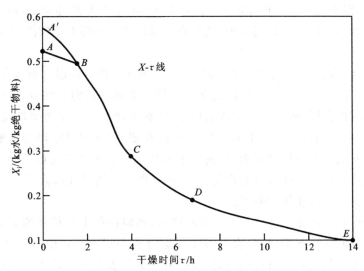

图 7-2-3　恒定干燥条件下的干燥曲线

上述干燥曲线还可以变换得到干燥速率曲线。由已测得的干燥曲线求出不同 X_i 下的斜率 $\dfrac{dX_i}{d\tau}$,再由式(7-2-20)计算得到干燥速率 U,将 U 对 X 作图,就是干燥速率曲线,如图 7-2-4 所示。

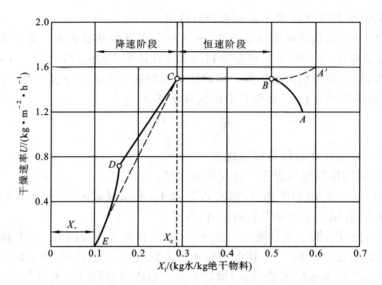

图 7-2-4　恒定干燥条件下的干燥速率曲线

将床层的温度对时间作图，可得床层的温度与干燥时间的关系曲线。

3. 干燥过程分析

（1）预热段。见图 7-2-3、图 7-2-4 中的 AB 段或 $A'B$ 段。物料在预热段中，含水率略有下降，温度则升至湿球温度 t_w，干燥速率可能呈上升趋势变化，也可能呈下降趋势变化。预热段经历的时间很短，通常在干燥计算中忽略不计，有些干燥过程甚至没有预热段。

（2）恒速干燥阶段。见图 7-2-3、图 7-2-4 中的 BC 段。该段物料水分不断汽化，含水率不断下降。但由于这一阶段去除的是物料表面附着的非结合水分，水分去除的机理与纯水的相同，故在恒定干燥条件下，物料表面始终保持为湿球温度 t_w，传质推动力保持不变，因而干燥速率也不变。于是，在图 7-2-4 中，BC 段为水平线。

只要物料表面保持足够湿润，物料的干燥过程总处于恒速阶段。而该段的干燥速率大小取决于物料表面水分的汽化速率，亦即取决于物料外部的空气干燥条件，故该阶段又称为表面汽化控制阶段。

（3）降速干燥阶段。随着干燥过程的进行，物料内部水分移动到表面的速率赶不上表面水分的汽化速率，物料表面局部出现"干区"，尽管这时物料其余表面的平衡蒸汽压仍与纯水的饱和蒸汽压相同，但以物料全部外表面计算的干燥速率因"干区"的出现而降低，此时物料中的含水率称为临界含水率，用 X_c 表示，对应图 7-2-4 中的 C 点，称为临界点。过 C 点以后，干燥速率逐渐降低至 D 点，此阶段称为降速第一阶段。

干燥到 D 点时，物料全部表面都成为干区，汽化面逐渐向物料内部移动，汽化所需的热量必须通过已被干燥的固体层才能传递到汽化面；从物料中汽化的水分也必须通过这一干燥层才能传递到空气主流中。干燥速率因热、质传递的途径加长而下降。此外,在 D 点以后,物料中的非结合水分已被除尽。接下来所汽化的是各种形式的结合水,因而,平衡蒸汽压将逐渐下降,传质推动力减小,干燥速率也随之较快降低,直至到达 E 点时,速率降为零。这一阶段称为降速第二阶段。

降速阶段干燥速率曲线的形状随物料内部的结构而异,不一定都呈现前面所述的曲线 CDE 形状。对于某些多孔性物料,可能降速两个阶段的界限不是很明显,曲线好像只有 CD 段;对于某些无孔性吸水物料,汽化只在表面进行,干燥速率取决于固体内部水分的扩散速率,故降速阶段只有类似 DE 段的曲线。

与恒速阶段相比,降速阶段从物料中除去的水分量相对少许多,但所需的干燥时间却长得多。总之,降速阶段的干燥速率取决于物料本身结构、形状和尺寸,而与干燥介质状况关系不大,故降速阶段又称物料内部迁移控制阶段。

实验装置及流程

1. 装置流程

本实验装置流程如图 7-2-5 所示。

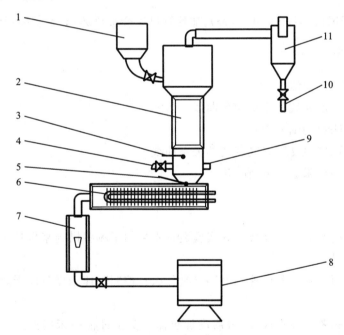

图 7-2-5　流化床干燥实验装置流程图

1—加料斗;2—床层(可视部分);3—床层测温点;4—取样口;5—出加热器热风测温点;
6—风加热器;7—转子流量计;8—风机;9—出风口;10—排灰口;11—旋风分离器

2. 主要设备及仪器

(1) 鼓风机:220VAC,550 W,最大风量 95 m³·h⁻¹。

（2）电加热器：额定功率 2.0 kW。

（3）干燥室：ϕ100 mm × 750 mm。

（4）干燥物料：湿绿豆或耐水硅胶。

实验步骤

（1）开启风机。

（2）打开仪表控制柜电源开关，加热器通电加热，床层进口温度要求恒定在70～80 ℃。

（3）将准备好的耐水硅胶或绿豆加入流化床进行实验。

（4）每隔 4 min 取样 5～10 g 进行分析，同时记录床层温度。

（5）待耐水硅胶或绿豆恒重时，即为实验终了，关闭仪表电源。

（6）关闭加热电源。

（7）关闭风机，切断总电源，清理实验设备。

实验注意事项

必须先开风机，后开加热器，否则加热管可能会被烧坏，导致实验无法进行。

实验报告

（1）绘制干燥曲线。

（2）根据干燥曲线作干燥速率曲线。

（3）读取物料的临界含水量。

（4）绘制床层温度随时间变化的关系曲线。

（5）对实验结果进行分析讨论。

思考题

（1）什么是恒定干燥条件？本实验装置中采用了哪些措施来保持干燥过程在恒定干燥条件下进行？

（2）控制恒速干燥阶段速率的因素是什么？控制降速干燥阶段干燥速率的因素又是什么？

（3）为什么要先启动风机，再启动加热器？实验过程中床层温度如何变化？为什么？如何判断实验已经结束？

（4）若加大热空气流量，干燥速率曲线有何变化？恒速干燥速率、临界湿含量又如何变化？为什么？

实验五　填料塔吸收传质系数的测定

实验目的

(1) 了解填料塔吸收装置的基本结构及流程。

(2) 掌握总体积传质系数的测定方法。

(3) 了解气相色谱仪和六通阀的使用方法。

基本原理

气体吸收是典型的传质过程之一。由于 CO_2 气体无味、无毒、廉价,所以气体吸收实验常选择 CO_2 作为溶质组分。本实验采用水吸收空气中的 CO_2 组分。一般 CO_2 在水中的溶解度很小,即使预先将一定量的 CO_2 气体通入空气中混合以提高空气中的 CO_2 浓度,水中的 CO_2 含量仍然很低,所以吸收的计算方法可按低浓度来处理,并且此系统中 CO_2 气体的解吸过程属于液膜控制。因此,本实验主要测定 $K_x a$ 和 H_{OL}。

1. 计算公式

填料层高度 Z 为

$$Z = \int_0^Z \mathrm{d}Z = \frac{L}{K_x a} \int_{x_2}^{x_1} \frac{\mathrm{d}x}{x - x^*} = H_{OL} N_{OL} \qquad (7\text{-}2\text{-}23)$$

式中:L ——液体通过塔截面的摩尔流量,$kmol \cdot m^{-2} \cdot s^{-1}$;

$K_x a$——以 ΔX 为推动力的液相总体积传质系数,$kmol \cdot m^{-3} \cdot s^{-1}$;

H_{OL}——液相总传质单元高度,m;

N_{OL}——液相总传质单元数,无因次。

令吸收因数 $A = L/(mG)$,则

$$N_{OL} = \frac{1}{1-A} \ln \left[(1-A) \frac{y_1 - mx_2}{y_1 - mx_1} + A \right]$$

2. 测定方法

(1) 空气流量和水流量的测定。

本实验采用转子流量计测得空气和水的流量,并根据实验条件(温度和压力)和有关公式换算成空气和水的摩尔流量。

(2) 测定填料层高度 Z 和塔径 D。

(3) 测定塔顶和塔底气相组成 y_1 和 y_2。

(4) 平衡关系。

本实验的平衡关系可写成

$$y = mx \qquad (7\text{-}2\text{-}24)$$

式中:m——相平衡常数,$m = E/P$;

E——亨利系数,$E = f(t)$,根据液相温度由附录 F 查得;

P——总压,取 101 325 Pa。

对清水而言,$x_2=0$,由全塔物料衡算 $G(y_1-y_2)=L(x_1-x_2)$ 可得 x_1。

实验装置及流程

1. 装置流程

本实验装置流程如图 7-2-6 所示。自来水进入填料塔塔顶,经喷头喷淋在填料顶层。由风机送来的空气和由二氧化碳钢瓶来的二氧化碳混合后,一起进入气体中间贮罐,然后再直接进入塔底,与水在塔内进行逆流接触,进行质量和热量的交换,由塔顶出来的尾气放空。由于本实验为低浓度气体的吸收,所以热量交换可忽略,整个实验过程看成是等温操作。

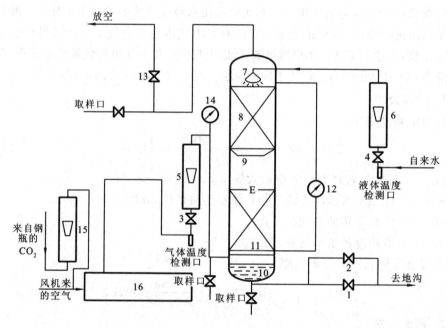

图 7-2-6　吸收装置流程图

1、2、13—球阀;3—气体流量调节阀;4—液体流量调节阀;5—气体转子流量计;6—液体转子流量计;

7—喷淋头;8、11—填料层;9—液体再分布器;10—塔底;11—支承板;12—压差计;14—气压表;

15—二氧化碳转子流量计;16—气体混合罐

2. 主要设备

(1)吸收塔:高效填料塔,塔径 100 mm,塔内装有金属丝网波纹规整填料或 θ 环散装填料,填料层总高度 2 000 mm。塔顶有液体初始分布器,塔中部有液体再分布器,塔底部有栅板式填料支承装置。填料塔底部有液封装置,以避免气体泄漏。

(2)填料规格和特性:金属丝网波纹规整填料型号 JWB-700Y,规格 $\phi 100$ mm $\times 100$ mm,比表面积 700 m^2·m^{-3}。

(3) 转子流量计:相关介质及条件见表 7-2-1。

表 7-2-1　转子流量计介质及条件

介　质	条　件			
	常用流量	最小刻度	标定介质	标定条件
空气	$4m^3 \cdot h^{-1}$	$0.1\ m^3 \cdot h^{-1}$	空气	20 ℃　$1.013\ 3 \times 10^5 Pa$
CO_2	$60\ L \cdot h^{-1}$	$10\ L \cdot h^{-1}$	空气	20 ℃　$1.013\ 3 \times 10^5 Pa$
水	$600\ L \cdot h^{-1}$	$20\ L \cdot h^{-1}$	水	20 ℃　$1.013\ 3 \times 10^5 Pa$

(4) 空气风机:旋涡式气泵。

(5) 二氧化碳钢瓶。

(6) 气相色谱仪。

实验步骤

(1) 熟悉实验流程,弄清气相色谱仪及其配套仪器的结构、原理、使用方法及其注意事项。

(2) 打开混合罐底部排空阀,排放掉气体混合罐中的冷凝水。

(3) 打开仪表电源开关及空气风机电源开关,进行仪表自检。

(4) 开启进水阀门,让水进入填料塔润湿填料,仔细调节液体转子流量计,使其流量稳定在某一实验值。(塔底液封控制时应仔细调节阀门 2 的开度,使塔底液位缓慢地在一段区间内变化,以免塔底液封过高溢满或过低而泄气。)

(5) 启动风机,打开二氧化碳钢瓶总阀,并缓慢调节钢瓶的减压阀。

(6) 仔细调节风机出口阀门的开度,并调节二氧化碳转子流量计的流量,使其稳定在某一值。

(7) 待塔中的压力接近某一实验值时,仔细调节尾气放空阀 13 的开度,直至塔中压力稳定在实验值。

(8) 待塔操作稳定后,读取各流量计的读数及通过温度检测口、压差计、压力表读取各温度、压力、塔顶塔底压差读数。通过六通阀在线进样,利用气相色谱仪分析出塔顶、塔底气相组成。

(9) 实验完毕,关闭二氧化碳钢瓶和转子流量计、液体转子流量计、风机出口阀门,再关闭进水阀门及风机电源开关(实验完成后一般先停止水的流量,再停止气体的流量,这样做的目的是防止液体从进气口倒压破坏管路及仪器),清理实验仪器和实验场地。

实验注意事项

(1) 固定好操作点后,应随时注意调整以保持各量不变。

(2) 在填料塔操作条件改变后,需要有较长的稳定时间,一定要等到稳定以后方能读取有关数据。

实验报告

(1) 将原始数据列表。

(2) 在双对数坐标纸上绘图表示二氧化碳解吸时体积传质系数、传质单元高度与气体流量的关系。

(3) 列出实验结果与计算示例。

思考题

(1) 本实验中,为什么塔底要有液封?液封高度如何计算?

(2) 测定 $K_x a$ 有什么工程意义?

(3) 为什么二氧化碳吸收过程属于液膜控制?

(4) 当气体温度和液体温度不同时,应用什么温度计算亨利系数?

实验六　流体流动阻力的测定

实验目的

(1) 掌握测定流体流经直管、管件和阀门时阻力损失的一般实验方法。

(2) 测定直管摩擦系数 λ 与雷诺数 Re 的关系,验证在一般湍流区内 λ 与 Re 的关系曲线。

(3) 测定流体流经管件、阀门时的局部阻力系数 ξ。

(4) 学会倒 U 形压差计和涡轮流量计的使用方法。

(5) 识辨组成管路的各种管件、阀门,并了解其作用。

基本原理

流体通过由直管、管件(如三通和弯头等)和阀门等组成的管路系统时,由于黏性剪应力和涡流应力的存在,要损失一定的机械能。流体流经直管时所造成的机械能损失称为直管阻力损失。流体通过管件、阀门时因流体运动方向和速度大小改变所引起的机械能损失称为局部阻力损失。

1. 直管阻力摩擦系数 λ 的测定

流体在水平等径直管中稳定流动时,阻力损失为

$$h_f = \frac{\Delta p_f}{\rho} = \frac{p_1 - p_2}{\rho} = \lambda \frac{l}{d} \frac{u^2}{2} \tag{7-2-25}$$

即

$$\lambda = \frac{2d\Delta p_f}{\rho u^2} \tag{7-2-26}$$

式中:λ ——直管阻力摩擦系数,无因次;

d —— 直管内径,m;

Δp_f —— 流体流经直管的压降,Pa;

h_f —— 单位质量流体流经直管的机械能损失,J·kg^{-1};

ρ —— 流体密度,kg·m^{-3};

l —— 直管长度,m;

u —— 流体在管内流动的平均流速,m·s^{-1}。

滞流(层流)时

$$\lambda = \frac{64}{Re} \tag{7-2-27}$$

$$Re = \frac{du\rho}{\mu} \tag{7-2-28}$$

式中:Re —— 雷诺数,无因次;

μ —— 流体黏度,Pa·s。

湍流时 λ 是雷诺数 Re 和相对粗糙度(ε/d)的函数,须由实验确定。

由式(7-2-26)可知,欲测定 λ,需确定 l、d,测定 Δp_f、u、ρ、μ 等参数。l、d 为装置参数(如表 7-2-2 所示);ρ、μ 通过测定流体温度,再查有关手册而得;u 通过测定流体流量,再由管径计算得到。

例如,本装置采用涡轮流量计测流量 V,单位为 m^3·h^{-1},则

$$u = \frac{V}{900\pi d^2} \tag{7-2-29}$$

Δp_f 可用 U 形管、倒 U 形管、测压直管等液柱压差计测定,或采用差压变送器和二次仪表显示。

(1) 当采用倒 U 形管液柱压差计时

$$\Delta p_f = \rho g R \tag{7-2-30}$$

式中:R —— 水柱高度,m。

(2) 当采用 U 形管液柱压差计时

$$\Delta p_f = (\rho_0 - \rho) g R \tag{7-2-31}$$

式中:R —— 液柱高度,m;

ρ_0 —— 指示液密度,kg·m^{-3}。

根据实验装置结构参数 l、d,指示液密度 ρ_0,流体温度 t_0(查流体物性 ρ、μ),以及实验时测定的流量 V、液柱压差计的读数 R,通过式(7-2-29)、式(7-2-30)或式(7-2-31)、式(7-2-28)和式(7-2-26)求取 Re 和 λ,再将 Re 和 λ 标绘在双对数坐标图上。

2. 局部阻力系数 ξ 的测定

局部阻力损失通常有两种表示方法,即当量长度法和阻力系数法。

(1) 当量长度法。

流体流过某管件或阀门时造成的机械能损失看做与某一长度的同直径的管道所

产生的机械能损失相当,此折合的管道长度称为当量长度,用符号 l_e 表示。这样,就可以用直管阻力的公式来计算局部阻力损失,而且在管路计算时可将管路中的直管长度与管件、阀门的当量长度合并在一起计算,则流体在管路中流动时的总机械能损失 $\sum h_f$ 为

$$\sum h_f = \lambda \frac{l + \sum l_e}{d} \frac{u^2}{2} \tag{7-2-32}$$

(2) 阻力系数法。

流体通过某一管件或阀门时的机械能损失表示为流体在小管径内流动时平均动能的某一倍数,局部阻力的这种计算方法称为阻力系数法。即

$$h'_f = \frac{\Delta p'_f}{\rho g} = \xi \frac{u^2}{2} \tag{7-2-33}$$

故

$$\xi = \frac{2\Delta p'_f}{\rho g u^2} \tag{7-2-34}$$

式中:ξ——局部阻力系数,无因次;

　　$\Delta p'_f$——局部阻力压降(本装置中,所测得的压降应扣除两测压口间直管段的压降,直管段的压降由直管阻力实验结果求取),Pa;

　　ρ——流体密度,kg · m^{-3};

　　g——重力加速度,9.81 m · s^{-2};

　　u——流体在小截面管中的平均流速,m · s^{-1}。

待测的管件和阀门由现场指定。本实验采用阻力系数法表示管件或阀门的局部阻力损失。

根据连接管件或阀门两端管径中小管的直径 d、指示液密度 ρ_0、流体温度 t_0(查流体物性 ρ、μ),以及实验时测定的流量 V、液柱压差计的读数 R,通过式(7-2-29)、式(7-2-30)或式(7-2-31)、式(7-2-34)求取管件或阀门的局部阻力系数 ξ。

实验装置及流程

1. 装置流程

实验装置如图 7-2-7 所示。实验对象部分是由贮水箱,离心泵,不同管径、材质的水管,各种阀门、管件,涡轮流量计和倒 U 形压差计等所组成的。管路部分有三段并联的长直管,分别用于测定局部阻力系数、光滑管直管阻力系数和粗糙管直管阻力系数。测定局部阻力部分使用不锈钢管,其上装有待测管件(闸阀);光滑管直管阻力的测定同样使用内壁光滑的不锈钢管;而粗糙管直管阻力的测定对象为管道内壁较粗糙的镀锌铁管。

水的流量使用涡轮流量计测量,管路和管件的阻力采用差压变送器将差压信号传递给无纸记录仪。

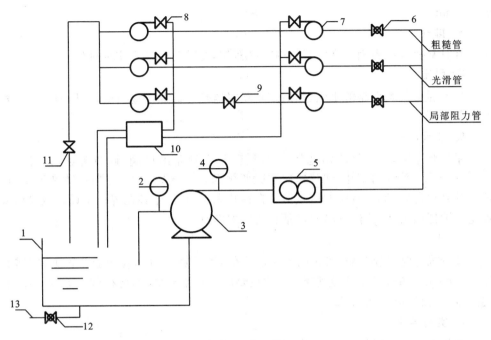

图 7-2-7　实验装置流程示意图

1—水箱；2—进口压力表；3—离心泵；4—出口压力表；5—涡轮流量计；6—开启管路球阀；7—均压环；

8—连接均压环和压力变送器球阀；9—局部阻力管上的闸阀；10—压力变送器；

11—出水管路闸阀；12—水箱放水阀；13—宝塔接头

2. 装置参数

装置参数如表 7-2-2 所示。

表 7-2-2　装置参数

	名称	材质	管内径/mm	测量段长度/cm
装置 1	局部阻力	不锈钢管	20.0	100
	光滑管	不锈钢管	20.0	100
	粗糙管	镀锌铁管	20.0	100

实验步骤

1. 泵启动

首先对水箱进行灌水，然后关闭出口阀，打开总电源和仪表开关，启动水泵，待电动机转动平稳后，把出口阀缓缓开到最大。

2. 实验管路选择

选择实验管路，把对应的进口阀打开，并在出口阀最大开度下，保持全流量流动

5～10 min。

3. 排气

在计算机监控界面点击"引压室排气"按钮,则压力变送器实现排气。

4. 引压

打开对应实验管路的手阀,然后在计算机监控界面点击该对应,则压力变送器检测该管路压差。

5. 流量调节

手控状态下,变频器输出选择 100,然后开启管路出口阀,调节流量,让流量从 $1\sim4\ m^3\cdot h^{-1}$ 范围内变化,建议每次实验变化 $0.5\ m^3\cdot h^{-1}$ 左右。每次改变流量,待流动达到稳定后,记下对应的压差值。自控状态下,在流量控制界面上设定流量值或设定变频器输出值,待流量稳定记录相关数据即可。

6. 计算

装置确定时,根据 Δp 和 u 的实验测定值,可计算 λ 和 ξ,在等温条件下,雷诺数 $Re=\ du\rho/\mu=\ Au$,其中 A 为常数,因此只要调节管路流量,即可得到一系列 $\lambda\text{-}Re$ 的实验点,从而绘出 $\lambda\text{-}Re$ 曲线。

7. 实验结束

关闭出口阀,关闭水泵和仪表电源,清理装置。

数据记录及处理

将上述实验测得的数据填入表 7-2-3 中。

表 7-2-3　实验数据

实验日期:＿＿＿＿＿　实验人员:＿＿＿＿＿　学号:＿＿＿＿＿　温度:＿＿＿＿＿　装置号:＿＿＿＿＿

直管基本参数:光滑管径＿＿＿＿＿　粗糙管径＿＿＿＿＿　局部阻力管径＿＿＿＿＿

序号	流量 /(m³·h⁻¹)	光滑管/mmH₂O			粗糙管/mmH₂O			局部阻力/mmH₂O		
		左	右	压差	左	右	压差	左	右	压差

实验报告

(1) 根据粗糙管实验结果,在双对数坐标纸上标绘出 $\lambda\text{-}Re$ 曲线,对照化工原理教材上有关曲线图,即可估算出该管的相对粗糙度和绝对粗糙度。

(2) 根据光滑管实验结果,对照柏拉修斯方程,计算其误差。

(3) 根据局部阻力实验结果,求出闸阀全开时的 ξ 平均值。

(4) 对实验结果进行分析讨论。

思考题

(1) 在对装置做排气工作时,是否一定要关闭流程尾部的出口阀? 为什么?

(2) 如何检测管路中的空气已经被排除干净?

(3) 以水做介质所测得的 λ-Re 关系能否适用于其他流体? 如何应用?

(4) 在不同设备(包括不同管径)、不同水温下测定的 λ-Re 数据能否关联在同一条曲线上?

(5) 如果测压口、孔边缘有毛刺或安装不垂直,对静压的测量有何影响?

实验七　恒压过滤常数(真空过滤)测定实验

实验目的

(1) 熟悉真空过滤的构造和操作方法。

(2) 通过恒压过滤实验,验证过滤基本理论。

(3) 学会测定过滤常数 K、q_e、τ_e 及压缩性系数 s 的方法,加深对 K、q_e、τ_e 的概念理解。

(4) 了解过滤压力对过滤速度的影响。

基本原理

过滤是以某种多孔物质为介质来处理悬浮液以达到固、液分离的一种操作过程,即在外力的作用下,悬浮液中的液体通过固体颗粒层(滤渣层)及多孔介质的孔道而固体颗粒被截留下来形成滤渣层,从而实现固、液分离。因此,过滤操作本质上是流体通过固体颗粒层的流动,而这个固体颗粒层的厚度随着过滤的进行而不断增加,故在恒压过滤操作中,过滤速度不断降低。

过滤速度 u 定义为单位时间、单位过滤面积内通过过滤介质的滤液量。影响过滤速度的主要因素除过滤推动力(压差) Δp、滤饼厚度 L 外,还有滤饼和悬浮液的性质、悬浮液温度、过滤介质的阻力等。

过滤时滤液流过滤渣和过滤介质的流动过程基本上处在层流流动范围内,因此,可利用流体通过固定床压降的简化模型,寻求滤液量与时间的关系,可得过滤速度计算式:

$$u = \frac{\mathrm{d}V}{A\mathrm{d}\tau} = \frac{\mathrm{d}q}{\mathrm{d}\tau} = \frac{A\Delta p^{1-s}}{\mu r C(V+V_e)} = \frac{A\Delta p^{1-s}}{\mu r' C'(V+V_e)} \tag{7-2-35}$$

式中:u——过滤速度,$\mathrm{m \cdot s^{-1}}$;

V——通过过滤介质的滤液量,m^3;

A——过滤面积,m^2;

τ——过滤时间,s;

q——通过单位面积过滤介质的滤液量,$m^3 \cdot m^{-2}$;

Δp——过滤压力(表压),Pa;

s——滤渣压缩性系数;

μ——滤液的黏度,$Pa \cdot s$;

r——滤渣比阻,m^2;

C——单位滤液体积的滤渣体积;

V_e——过滤介质的当量滤液体积,m^3;

r'——滤渣比阻,$m \cdot kg^{-1}$;

C——单位滤液体积的滤渣质量,$kg \cdot m^{-3}$。

对于一定的悬浮液,在恒温和恒压下过滤时,μ、r、C 和 Δp 都恒定,为此,令

$$K = \frac{2\Delta p^{1-s}}{\mu rC} \tag{7-2-36}$$

于是式(7-2-35)可改写为

$$\frac{dV}{d\tau} = \frac{KA^2}{2(V+V_e)} \tag{7-2-37}$$

式中:K——过滤常数,由物料特性及过滤压差所决定,$m^2 \cdot s^{-1}$。

将式(7-2-37)分离变量积分,整理得

$$\int_{V_e}^{V+V_e} (V+V_e)d(V+V_e) = \frac{1}{2}KA^2\int_0^{\tau}d\tau \tag{7-2-38}$$

即

$$V^2 + 2VV_e = KA^2\tau \tag{7-2-39}$$

将式(7-2-38)的积分极限改为从 0 到 V_e 和从 0 到 τ_e 积分,则

$$V_e^2 = KA^2\tau_e \tag{7-2-40}$$

将式(7-2-39)和式(7-2-40)相加,可得

$$(V+V_e)^2 = KA^2(\tau+\tau_e) \tag{7-2-41}$$

式中:τ_e——虚拟过滤时间,相当于滤出滤液量 V_e 所需时间,s。

再将式(7-2-41)微分,得

$$2(V+V_e)dV = KA^2d\tau \tag{7-2-42}$$

将式(7-2-42)写成差分形式,则

$$\frac{\Delta \tau}{\Delta q} = \frac{2}{K}\bar{q} + \frac{2}{K}q_e \tag{7-2-43}$$

式中:Δq——每次测定的单位过滤面积滤液体积(在实验中一般等量分配),$m^3 \cdot m^{-2}$;

　　　$\Delta \tau$——每次测定的滤液体积 Δq 所对应的时间,s;

　　　$\bar{q}$——相邻两个 q 值的平均值,$m^3 \cdot m^{-2}$。

以 $\Delta\tau/\Delta q$ 为纵坐标,$\bar{q}$ 为横坐标将式(7-2-43)标绘成一直线,可得该直线的斜率和截距。

斜率:
$$S = \frac{2}{K}$$

截距:
$$I = \frac{2}{K}q_e$$

则
$$K = \frac{2}{S}$$

$$q_e = \frac{KI}{2} = \frac{I}{S}$$

$$\tau_e = \frac{q_e^2}{K} = \frac{I^2}{KS^2}$$

改变过滤压差 Δp,可测得不同的 K 值,由 K 的定义式(7-2-36)两边取对数得

$$\lg K = (1-s)\lg\Delta p + B \tag{7-2-44}$$

在实验压差范围内,若 B 为常数,则 $\lg K$-$\lg\Delta p$ 的关系在直角坐标上应是一条直线,斜率为 $1-s$,可得滤饼压缩性系数 s。

实验装置及流程

1. 装置流程

本实验装置由真空泵、配料槽、搅拌器、积液瓶、缓冲罐等组成,其流程示意如图 7-2-8所示。

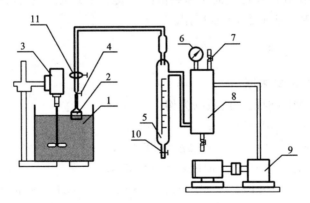

图 7-2-8　恒压过滤实验流程示意图

1—滤浆槽;2—过滤漏斗;3—搅拌电机;4—真空旋塞;5—积液瓶;6—真空压力表;
7—针形放空阀;8—缓冲罐;9—真空泵;10—放液阀;11—活接

$CaCO_3$ 的悬浮液在配料槽内配制一定浓度后,送入滤浆槽中,用电动搅拌器搅拌使 $CaCO_3$ 不致沉降,启动真空泵,使系统内形成真空并达到指定值。滤液在负压下通过过滤漏斗进入计量瓶进行测量。

2. 主要设备

(1) 真空泵:2XZ-2 型直联旋片式真空泵 。

(2) 极限真空 6×10^{-2} Pa,抽速 2 L·s^{-1}。

(3) 转速 1 400 r·min^{-1},功率 310 W。

(4) 搅拌器:功率 100 W。

(5) 过滤漏斗:滤布规格 100 目,过滤面积 0.001 925 m^2。

实验步骤

(1) 配料。在配料槽内配制含 $CaCO_3$ 5% 的水悬浮液,$CaCO_3$ 事先由天平称重。配制时,将配料罐底部塞子塞上,防止 $CaCO_3$ 进入出水管造成堵塞。

(2) 搅拌。接通电源,开启电动搅拌器,使 $CaCO_3$ 悬浮液搅拌均匀。注意搅拌速率选择适当,过高时溶液易溅出,过低则会造成搅拌不均匀。

(3) 打开放空阀 7,关闭真空旋塞 4,然后打开真空泵开关。

(4) 调节进气阀 7,使真空表读数恒定于指定值(本实验可选取 0.03 MPa、0.05 MPa、0.07 MPa),然后打开真空旋塞 4,进行抽滤,待计量瓶中收集的滤液量达到 100 mL(刻度为 5 cm)时,按表计时,作为恒压过滤零点。记录滤液每增加 100 mL(每上升 5 cm)所用的时间。当计量瓶读数为 700 mL 时停表并立即关闭真空旋塞 4。

(5) 打开进气阀 7,待真空表读数降到零时,停真空泵。打开真空旋塞 4,利用系统内大气压把吸附在吸滤器上滤饼卸到槽内。放出计量瓶内滤液,并倒回滤浆槽内。再打开活接 11,卸下吸滤器,清洗待用。

数据记录及处理

1. 滤饼常数 K 的求取

以 $p = 0.03$ MPa 时的一组数据为例。

过滤面积 $A = 0.001$ 925 m^2;

$\Delta V_1 = 100$ mL $= 1 \times 10^{-4}$ m^3;$\Delta \tau_1 = 56.2$ s;

$\Delta V_2 = 100$ mL $= 1 \times 10^{-4}$ m^3;$\Delta \tau_2 = 72.87$ s;

$\Delta q_1 = \Delta V_1 / A = 1 \times 10^{-4} / 0.001$ 925 m$^3 \cdot$ m$^{-2} = 0.051$ 948 m$^3 \cdot$ m^{-2};

$\Delta q_2 = \Delta V_2 / A = 1 \times 10^{-4} / 0.001$ 925 m$^3 \cdot$ m$^{-2} = 0.051$ 948 m$^3 \cdot$ m^{-2};

$\Delta \tau_1 / \Delta q_1 = 56.2 / 0.051$ 948 s $\cdot$ m$^2 \cdot$ m$^{-3} = 1$ 081.85 s $\cdot$ m$^2 \cdot$ m^{-3};

$\Delta \tau_2 / \Delta q_2 = 72.87 / 0.051$ 948 s $\cdot$ m$^2 \cdot$ m$^{-3} = 1$ 402.748 s $\cdot$ m$^2 \cdot$ m^{-3};

$q_0 = 0$ m$^3 \cdot$ m^{-2};$q_1 = q_0 + \Delta q_1 = 0.051$ 948 m$^3 \cdot$ m^{-2};

$q_2 = q_1 + \Delta q_2 = 0.103$ 896 m$^3 \cdot$ m^{-2};

$\bar{q}_1 = \frac{1}{2}(q_0 + q_1) = 0.025$ 947 m$^3 \cdot$ m^{-2};

$$\overline{q}_2 = \frac{1}{2}(q_1 + q_2) = 0.077\ 922\ \text{m}^3 \cdot \text{m}^{-2};$$

依此算出多组 $\Delta\tau/\Delta q$ 及 $\overline{q}$。

在直角坐标系中绘制 $\Delta\tau/\Delta q\text{-}\overline{q}$ 的关系曲线,如图 7-2-9 所示,从该图中读出斜率可求得 K。不同压力下的 K 值列于表 7-2-4 中。

表 7-2-4　不同压力下的 K 值

Δp/MPa	过滤常数 K/$(\text{m}^2 \cdot \text{s}^{-1})$
0.03	3.72×10^{-4}
0.05	5.19×10^{-4}
0.07	6.72×10^{-4}

2. 滤饼压缩性指数 s 的求取

在压力 $\Delta p = 0.03$ MPa 时的 $\Delta\tau/\Delta q\text{-}\overline{q}$ 直线上,拟合得直线方程,根据斜率为 $2/K_1$,则 $K_1 = 0.000\ 372$。

将不同压力下测得的 K 值作 $\lg K\text{-}\lg\Delta p$ 曲线,如图 7-2-10 所示,也拟合得直线方程,根据斜率为 $1-s$,可计算得 $s = 0.303\ 7$。

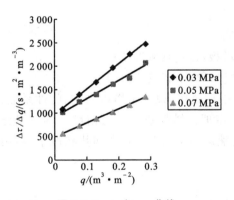

图 7-2-9　$\Delta\tau/\Delta q\text{-}q$ 曲线

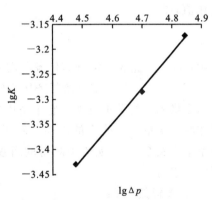

图 7-2-10　$\lg K\text{-}\lg\Delta p$ 曲线

实验报告

(1)由恒压过滤实验数据求过滤常数 K、q_e、τ_e。

(2)比较几种真空度下的 K、q_e、τ_e 值,讨论压差变化对以上参数数值的影响。

(3)在直角坐标纸上绘制 $\lg K\text{-}\lg\Delta p$ 关系曲线,求出 s。

(4)实验结果分析与讨论。

思考题

(1)真空过滤机的优缺点是什么? 适用于什么场合?

（2）真空过滤机的操作分哪几个阶段？

（3）为什么过滤开始时，滤液常常有点混浊，而过段时间后才变清？

（4）影响过滤速率的主要因素有哪些？ 当你在某一恒压下测得 K、q_e、τ_e 值后，若将过滤压力提高一倍，问上述三个值将有何变化？

实验八　筛板精馏塔精馏实验

实验目的

（1）了解筛板精馏塔及其附属设备的基本结构，掌握精馏过程的基本操作方法。

（2）学会判断系统达到稳定的方法，掌握测定塔顶、塔釜溶液浓度的实验方法。

（3）学习测定精馏塔全塔效率和单板效率的实验方法，研究回流比、进料热状况对精馏塔分离效率的影响。

基本原理

1. 全塔效率 E_T

全塔效率又称总板效率，是指达到指定分离效果所需理论塔板数与实际塔板数的比值，即

$$E_T = \frac{N_T - 1}{N_P} \tag{7-2-45}$$

式中：N_T——完成一定分离任务所需的理论塔板数，包括蒸馏釜；

N_P——完成一定分离任务所需的实际塔板数，本装置 $N_P = 10$。

全塔效率简单地反映了整个塔内塔板的平均效率，说明了塔板结构、物性系数、操作状况对塔分离能力的影响。对于塔内所需理论塔板数 N_T，可由已知的双组分物系平衡关系，以及实验中测得的塔顶、塔釜液的组成，回流比 R 和热状况 q 等，用图解法求得。

2. 单板效率 E_M

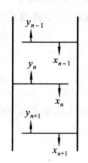

图 7-2-11　塔板气液流

向示意图

单板效率又称莫弗里板效率，如图 7-2-11 所示，是指气相或液相经过一层实际塔板前后的组成变化值与经过一层理论塔板前后的组成变化值之比。

按气相组成变化表示的单板效率为

$$E_{MV} = \frac{y_n - y_{n+1}}{y_n^* - y_{n+1}} \tag{7-2-46}$$

按液相组成变化表示的单板效率为

$$E_{ML} = \frac{x_{n-1} - x_n}{x_{n-1} - x_n^*} \tag{7-2-47}$$

式中：y_n、y_{n+1}——离开第 n、$n+1$ 块塔板的气相组成（摩尔

分数);

x_{n-1}、x_n——离开第 $n-1$、n 块塔板的液相组成(摩尔分数);

y_n^*——与 x_n 成平衡的气相组成(摩尔分数);

x_n^*——与 y_n 成平衡的液相组成(摩尔分数)。

3. 图解法求理论塔板数 N_T

图解法又称麦卡勃-蒂列法,简称 M-T 法,其原理与逐板计算法完全相同,只是将逐板计算过程在 y-x 图上直观地表示出来。

(1)全回流操作。

在精馏全回流操作时,操作线在 y-x 图上为对角线,如图 7-2-12 所示。根据塔顶、塔釜的组成在操作线和平衡线间作梯级,即可得到理论塔板数。

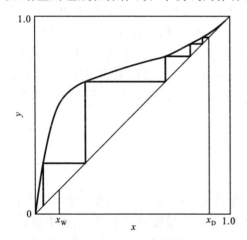

图 7-2-12　全回流时理论塔板数的确定　　图 7-2-13　部分回流时理论塔板数的确定

(2)部分回流操作。

部分回流操作时,操作线如图 7-2-13 所示。图解法的主要步骤为:

① 根据物系和操作压力在 y-x 图上作出相平衡曲线,并画出对角线作为辅助线;

② 在 x 轴上定出 $x=x_D$、x_F、x_W 三点,依次通过这三点作垂线分别交对角线于点 a、f、b;

③ 在 y 轴上定出 $y_C=x_D/(R+1)$ 的点 c,连接 a、c 作出精馏段操作线;

④ 由进料热状况求出 q 线的斜率 $q/(q-1)$,过点 f 作出 q 线交精馏段操作线于点 d;

⑤ 连接点 d、b 作出提馏段操作线;

⑥ 从点 a 开始在平衡线和精馏段操作线之间画阶梯,当梯级跨过点 d 时,就改在平衡线和提馏段操作线之间画阶梯,直至梯级跨过点 b 为止;

⑦ 所画的总阶梯数就是全塔所需的理论塔板数(包含再沸器),跨过点 d 的那块

板就是加料板,其上的阶梯数为精馏段的理论塔板数。

实验装置及流程

本实验装置的主体设备是筛板精馏塔,配套的有加料系统、回流系统、产品出料管路、残液出料管路、加料泵、测量仪表、控制仪表。

本实验料液为乙醇溶液,从高位槽利用位差流入塔内,釜内液体由电加热器产生蒸汽逐板上升,经与各板上的液体传质后,进入盘管式换热器管程,壳程的冷却水全部冷凝成液体,再从集液器流出,一部分作为回流液从塔顶流入塔内,另一部分作为产品馏出,进入产品贮罐;残液经釜液转子流量计流入釜液贮罐。精馏过程如图 7-2-14 所示。

筛板精馏塔主要结构参数:塔内径 $D=68$ mm,厚度 $\delta=2$ mm,塔节 $\phi76$ mm$\times4$ mm,塔板数 $N=10$ 块,板间距 $H_T=100$ mm。加料位置为由上向下数第 6 块和第 8 块板。降液管采用弓形,齿形堰,堰长 56 mm,堰高 7.3 mm,齿深 4.6 mm,齿数 9 个。降液管底隙 4.5 mm。筛孔直径 $d_0=1.5$ mm,正三角形排列,孔间距 $t=5$ mm,开孔数为 74 个。塔釜为内电加热式,加热功率 3.0 kW。有效容积为 10 L。塔顶冷凝器为盘管式换热器。

实验步骤

1. 全回流

(1) 配制浓度 16‰～19‰(乙醇的体积分数)的料液加入釜中,至釜容积 2/3 处。

(2) 检查各阀门位置,启动电加热管电源,使塔釜温度缓慢上升(因塔中部玻璃部分较为脆弱,若加热过快,玻璃极易碎裂,使整个精馏塔报废,故升温过程应尽可能缓慢),至玻璃柱内塔板平衡后(该过程持续约 30 min),再升高加热电压,持续约 10 min后,才可以转向自控挡。若发现液沫夹带过量时,可拨至手动挡,调节电压。

(3) 打开冷凝器的冷却水,使其全回流。

(4) 当塔顶温度、回流量和塔釜温度稳定后,分别取塔顶浓度 x_D 和塔釜浓度 x_W,送色谱分析仪分析。

2. 部分回流

(1) 在储料罐中配制一定浓度的乙醇溶液(体积分数为 10‰～20‰)。

(2) 待塔全回流操作稳定时,打开进料阀,调节进料量至适当的流量。

(3) 启动回流比控制器电源,调节回流比 $R(R=1～4)$。

(4) 当塔顶、塔内温度读数稳定后即可取样。

3. 取样与分析

(1) 进料、塔顶、塔釜从各相应的取样阀放出。

(2) 塔板取样用注射器从所测定的塔板中缓缓抽出,取 1 mL 左右注入事先洗净烘干的针剂瓶中,并给该瓶盖标号以免出错,各个样品尽可能同时取样。

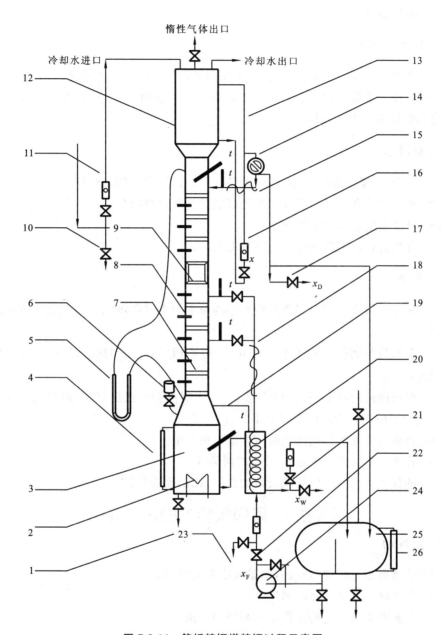

图 7-2-14 筛板精馏塔精馏过程示意图

1—塔釜排液口;2、15、18—电加热器;3—塔釜;4—液位计;5—U 形压差计;6—加料斗;7—塔板;

8—温度计(其余均以 t 表示);9—窥视镜;10—冷却水排空口;11—冷却水流量计;

12—盘管冷凝器平衡管;13、19—平衡管;14—回流液、塔顶产品分配器;16—塔顶总气量流量计;

17—产品取样口;20—盘管式换热器;21—塔底残液流量计;22—料液流量计;23—料液取样口;

24—不锈钢离心料液泵;25—产品、残液储槽;26—液位计

(3) 将样品进行色谱分析。

实验注意事项

(1) 塔顶放空阀一定要打开,否则容易因塔内压力过大导致危险。

(2) 料液一定要加到设定液位 2/3 处方可打开加热管电源,否则塔釜液位过低会使电加热丝露出干烧致坏。

实验报告

(1) 将塔顶、塔底温度和组成,以及各流量计读数等原始数据列表。

(2) 按全回流和部分回流分别用图解法计算理论塔板数。

(3) 计算全塔效率和单板效率。

(4) 分析并讨论实验过程中观察到的现象。

思考题

(1) 测定全回流和部分回流总板效率与单板效率时各需测几个参数? 取样位置在何处?

(2) 全回流时测得板式塔上第 n、$n-1$ 层液相组成后,如何求得 x_n^*? 部分回流时,又如何求 x_n^*?

(3) 在全回流时,测得板式塔上第 n、$n-1$ 层液相组成后,能否求出第 n 层塔板上的以气相组成变化表示的单板效率?

(4) 查取进料液的汽化潜热时定性温度取何值?

(5) 若测得单板效率超过 100%,如何解释?

(6) 试分析实验结果成功或失败的原因,提出改进意见。

实验九　　离心泵特性曲线测定

实验目的

(1) 了解离心泵结构与特性,熟悉离心泵的使用。

(2) 掌握离心泵特性曲线测定方法。

(3) 了解电动调节阀的工作原理和使用方法。

基本原理

离心泵的特性曲线是选择和使用离心泵的重要依据之一,其特性曲线是在恒定转速下泵的扬程 H、轴功率 N 及效率 η 与泵的流量 Q 之间的关系曲线,它是流体在泵内流动规律的宏观表现形式。由于泵内部流动情况复杂,不能用理论方法推导出泵的特性曲线,只能依靠实验测定。

1. 扬程 H 的测定与计算

取离心泵进口真空表和出口压力表处为 1、2 两截面,列机械能衡算方程:

$$Z_1 + \frac{p_1}{\rho g} + \frac{u_1^2}{2g} + H = Z_2 + \frac{p_2}{\rho g} + \frac{u_2^2}{2g} + \sum h_f \qquad (7\text{-}2\text{-}48)$$

由于两截面间的管长较短,通常可忽略阻力项 $\sum h_f$,速度平方差也很小,故可忽略,则有

$$H = (Z_2 - Z_1) + \frac{p_2 - p_1}{\rho g}$$
$$= H_0 + H_1(表值) + H_2 \qquad (7\text{-}2\text{-}49)$$

式中:H_0——泵出口和进口间的位差,$H_0 = Z_2 - Z_1$,m;

ρ——流体密度,kg·m^{-3};

g——重力加速度,m·s^{-2};

p_1、p_2——泵进、出口的真空度和表压,Pa;

H_1、H_2——泵进、出口的真空度和表压对应的压头,m;

u_1、u_2——泵进、出口的流速,m·s^{-1};

Z_1、Z_2——真空表、压力表的安装高度,m。

由式(7-2-49)可知,只要直接读出真空表和压力表上的数值,以及两表的安装高度差,就可计算出泵的扬程。

2. 轴功率 N 的测量与计算

$$N = N_电 k \qquad (7\text{-}2\text{-}50)$$

式中:$N_电$——电功率表显示值;

k——电动机传动效率,可取 $k = 0.95$。

3. 效率 η 的计算

泵的效率 η 是泵的有效功率 N_e 与轴功率 N 的比值。有效功率 N_e 是单位时间内流体经过泵时所获得的实际功,轴功率 N 是单位时间内泵轴从电动机得到的功,两者差异反映了水力损失、容积损失和机械损失的大小。

泵的有效功率 N_e 可用下式计算:

$$N_e = HQ\rho g \qquad (7\text{-}2\text{-}51)$$

故泵效率为

$$\eta = \frac{HQ\rho g}{N} \times 100\% \qquad (7\text{-}2\text{-}52)$$

4. 转速改变时的换算

泵的特性曲线是在定转速下测定所得。但是,实际上感应电动机在转矩改变时,其转速会有变化,这样随着流量 Q 的变化,多个实验点的转速 n 将有所差异,因此在绘制特性曲线之前,须将实测数据换算为某一定转速 n' 下(可取离心泵的额定转速 2 900 r·min^{-1})的数据。换算关系如下:

流量 $$Q' = Q\frac{n'}{n}$$ (7-2-53)

扬程 $$H' = H\left(\frac{n'}{n}\right)^2$$ (7-2-54)

轴功率 $$N' = N\left(\frac{n'}{n}\right)^3$$ (7-2-55)

效率 $$\eta' = \frac{Q'H'\rho g}{N'} = \frac{QH\rho g}{N} = \eta$$ (7-2-56)

实验装置及流程

离心泵特性曲线测定装置流程图如图 7-2-15 所示。

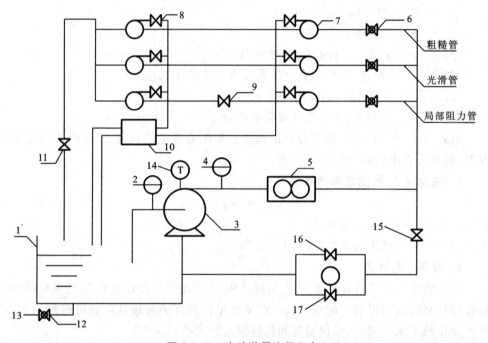

图 7-2-15　实验装置流程示意

1—水箱；2—进口压力表；3—离心泵；4—出口压力表；5—涡轮流量计；6—开启管路球阀；7—均压环；8—连接均压环和压力变送器球阀；9—局部阻力管上的闸阀；10—压力变送器；11—出水管路闸阀；12—水箱放水阀；13—宝塔接头；14—温度传感器；15—泵的管路阀；16—旁路阀；17—电动调节阀

实验步骤

(1) 清洗水箱，并加装实验用水。给离心泵灌水，排出泵内气体。

(2) 检查电源和信号线是否与控制柜连接正确，检查各阀门开度和仪表自检情况，试开状态下检查电动机和离心泵是否正常运转。

(3) 实验时，逐渐打开调节阀以增大流量，待各仪表读数显示稳定后，读取相应数据(离心泵特性实验部分主要获取实验参数为:流量 Q、泵进口压力 p_1、泵出口压力 p_2、电动机功率 $N_电$、泵转速 n、流体温度 t 和两测压点间高度差 H_0)。

(4)测取 10 组左右数据后,可以停止泵,同时记录下设备的相关数据(如离心泵型号、额定流量、扬程和功率等)。

数据记录及处理

(1)记录实验原始数据如表 7-2-5 所示。

表 7-2-5 实验原始数据

实验日期:_____ 实验人员:_____ 学号:_____ 装置号:_____

离心泵型号_____ 额定流量_____ 额定扬程_____ 额定功率_____

泵进、出口测压点高度差 H_0_____ 流体温度 t_____

实验次数	流量 $Q/(\mathrm{m^3 \cdot h^{-1}})$	泵进口压力 p_1 / kPa	泵出口压力 p_2 / kPa	电动机功率 $N_电/\mathrm{kW}$	泵转速 $n/(\mathrm{r \cdot min^{-1}})$
1					
2					
3					
4					
5					
6					
7					
8					
9					
10					

(2)按比例定律换算转速后,计算各流量下的泵扬程、轴功率和效率,如表 7-2-6 所示。

表 7-2-6 实验计算数据

实验次数	流量 $Q/(\mathrm{m^3 \cdot h^{-1}})$	扬程 H/m	轴功率 N/kW	泵效率 $\eta/(\%)$
1				
2				
3				
4				
5				
6				
7				
8				
9				
10				

实验报告

(1) 分别绘制一定转速下的 H-Q、N-Q、ηQ 曲线。

(2) 分析实验结果，判断泵最为适宜的工作范围。

实验注意事项

(1) 一般每次实验前，均需对泵进行灌泵操作，以防止离心泵气缚。同时注意定期对泵进行保养，防止叶轮被固体颗粒损坏。

(2) 泵运转过程中，勿触碰泵主轴部分，因其高速转动，可能会缠绕并伤害身体接触部位。

思考题

(1) 离心泵在启动时为什么要关闭出口阀？

(2) 启动离心泵之前为什么要引水灌泵？如果灌泵后依然启动不起来，你认为可能的原因是什么？

(3) 为什么用泵的出口阀调节流量？这种方法有什么优缺点？是否还有其他方法调节流量？

(4) 泵启动后，出口阀如果不开，压力表读数是否会逐渐上升？为什么？

(5) 正常工作的离心泵，在其进口管路上安装阀门是否合理？为什么？

(6) 用清水泵输送密度为 $1\,200\ \text{kg} \cdot \text{m}^{-3}$ 的盐水，在相同流量下，你认为泵的压力是否变化？轴功率是否变化？

实验十　非均相分离演示实验装置

实验目的

(1) 观察喷射泵抽送物料及气力输送的现象。

(2) 观察旋风分离器气-固分离的现象。

(3) 了解非均相分离的运行流程，掌握旋风分离器的作用原理。

基本原理

由于在离心场中颗粒可以获得比重力大得多的离心力，因此，对两相密度相差较小或颗粒粒度较细的非均相物系，利用离心沉降分离要比重力沉降有效得多。气-固物系的离心分离一般在旋风分离器中进行，液-固物系的分离一般在旋液分离器和离心沉降机中进行。

旋风分离器主体上部是圆筒形，下部是圆锥形，如图 7-2-16 所示。含尘气体从侧面的矩形进气管切向进入旋风分离器内，然后在圆筒内作自上而下的圆周运动。

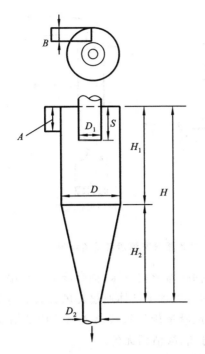

$D=74$ mm
$A=D/2=37$ mm
$B=D/4=18.5$ mm
$D_1=D/2=37$ mm
$H_1=2D=148$ mm
$H_2=2D=148$ mm
$S=5D/8=46.25$ mm
$D_2=D/4=18.5$ mm

图 7-2-16　标准型旋风分离器

颗粒在随气流旋转过程中被抛向器壁,沿器壁落下,自锥底排出。由于操作时旋风分离器底部处于密封状态,所以,被净化的气体到达底部后折向上,沿中心轴旋转着从顶部的中央排气管排出。

实验装置及流程

本装置主要有风机、流量计、气体喷射器及玻璃旋风分离器和 U 形压差计等组成,如图 7-2-17 所示。进入旋风分离器的风量可通过调节旁路闸阀控制,并在转子流量计中显示。流经文丘里气体喷射器时,由于节流负压效应,将固体颗粒储槽内的有色颗粒吸入气流中。随后,含尘气流进入旋风分离器,颗粒经旋风分离落入下部的灰斗,气流由器顶排气管旋转流出。U 形压差计可显示旋风分离器出入口的压差。旋风分离器的压降损失包括气流进入旋风分离器时,由于突然扩大引起的损失,与器壁摩擦的损失,气流旋转导致的动能损失,在排气管中的摩擦和旋转运动的损失等。

演示操作

先在固体颗粒储槽中加入一定大小的粉粒,一般可选择已知粒径或目数的颗粒,若有颜色则演示效果更佳(随装置配套的为染成红色的目数为 200～600 的 PVC 颗粒,也可采用煤粉)。

打开风机开关,通过调节旁路闸阀控制适当风量,当空气通过抽吸器(气体喷射

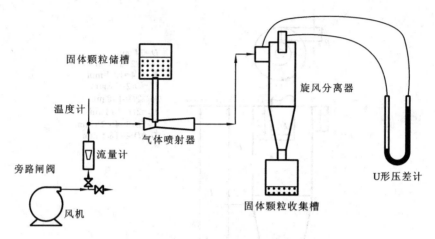

图 7-2-17　非均相分离演示实验流程图

器)时,因空气高速从喷嘴喷出,使抽吸器形成负压,抽吸器上端杯中的颗粒就被气流带入系统与气流混合成为含尘气体。当含尘气体通过旋风分离器时就可以清楚地看见颗粒旋转运动的形状,一圈一圈地沿螺旋形流线落入灰斗内的情景。从旋风分离器出口排出的空气由于颗粒已被分离,故清洁无色。

　　上面的演示说明旋转运动能增大尘粒的沉降力,旋风分离器的旋转运动是靠切向进口和容器壁的作用产生的。若演示所用的煤粉粒径较大,由于惯性力的影响和截面积变大引起的速度变化,这些大煤粉颗粒会沉降下来,仅有小颗粒煤粉无法沉降而被带走。这个现象说明,大颗粒是容易沉降的,所以工业上为了减少旋风分离器的磨损,先用其他更简单的方法将它预先除去。

主要参考文献

[1] 管国锋,赵博.化工原理[M].北京:化学工业出版社,2006.

[2] 贾绍义,柴诚敬.化工传质与分离过程[M].北京:化学工业出版社,2001.

[3] 祈存谦,丁楠,吕树申.化工原理[M].北京:化学工业出版社,2009.

[4] 杨祖荣.化工原理[M].北京:化学工业出版社,2007.

[5] 柴诚敬.化工原理[M].北京:高等教育出版社,2005.

[6] 王志魁.化工原理[M].北京:化学工业出版社,2002.

第八章 创新研究性实验

实验一 从废铜制备硫酸铜和焦磷酸铜

提示

$CuSO_4 \cdot 5H_2O$ 是蓝色三斜晶体,俗称胆矾、蓝矾或铜矾,在干燥空气中会缓慢风化,150 ℃以上失去5个结晶水,成为白色硫酸铜。无水硫酸铜有极强的吸水性,吸水后显蓝色,可用来检验某些有机液体中是否残留有水分。$CuSO_4 \cdot 5H_2O$ 用途广泛,是制取其他固体铜盐和含铜农药的基本原料,它在印染工业上用作助催化剂。

铜不溶于非氧化性的酸。$CuSO_4 \cdot 5H_2O$ 在工业上有多种制备方法,例如,氧化铜酸化法——铜料或废铜在反射炉内煅烧成氧化铜后与硫酸反应;硝酸氧化法——废铜与硫酸、硝酸反应等。

本实验采用铜丝(屑)与硫酸、硝酸铵和硝酸反应制取 $CuSO_4 \cdot 5H_2O$,主要反应如下:

$$Cu + 2NO_3^- + 4H^+ = Cu^{2+} + 2NO_2 + 2H_2O$$
$$3Cu + 2NO_3^- + 8H^+ = 3Cu^{2+} + 2NO + 4H_2O$$
$$NO_2 + NO + 2NH_4^+ = 2N_2 + 2H^+ + 3H_2O$$
$$Cu^{2+} + SO_4^{2-} = CuSO_4$$
$$CuSO_4 + 5H_2O = CuSO_4 \cdot 5H_2O$$

温度升高会加速反应,如果温度过高,反应生成的氮氧化物来不及与 NH_4^+ 反应,则会产生大量的 NO_2 "黄烟",污染空气,应尽量避免。

在镀铜工艺中常用焦磷酸铜配合物作电镀液,该方法与氰化法相比无毒性,不会污染环境。焦磷酸铜灰蓝色沉淀能溶于过量的 $Na_4P_2O_7$ 溶液中,形成深蓝色的焦磷酸铜配合物。焦磷酸铜是配制电镀液的重要原料。有关反应如下:

$$2Cu^{2+} + P_2O_7^{4-} = Cu_2P_2O_7 \downarrow$$
$$Cu_2P_2O_7 + 3P_2O_7^{4-} = 2[Cu(P_2O_7)_2]^{6-}$$

有关盐类的溶解度如表 8-1-1 所示。

表 8-1-1　几种盐类的溶解度

单位:g/100 g 水

温度/℃　　盐类	10	20	30	40
$CuSO_4 \cdot 5H_2O$	17.4	20.7	25.0	28.5
$Cu(NO_3)_2 \cdot 6H_2O$	95.28	125.1	—	—
$(NH_4)_2SO_4 \cdot 12H_2O$	4.99	7.74	10.94	14.88
$(NH_4)_2SO_4$	73.0	75.4	78.0	81.0

实验二　磷酸盐在钢铁腐蚀中的应用

提示

　　钢铁的磷化处理是防锈的一种有效措施。钢铁制件在一定条件下,经磷酸盐水溶液处理后,表面上能形成一层磷酸盐保护膜,简称磷化膜。此膜疏松、多孔,具有附着力强、耐蚀性和绝缘性好等特点,可以作为良好的涂漆底层和润滑层,所以磷化处理被广泛地应用于汽车、家用电器和钢丝拉拔等工业部门。按磷化液主要成分的不同,有磷酸锰盐、磷酸铁盐和磷酸锌盐等类型的磷化液;按磷化方式不同,有浸渍、喷射和涂刷等磷化方式。为了获得性能良好的磷化膜和改进磷化工艺,目前国内外仍将磷化作用作为重要课题加以研究。

　　磷酸锌盐磷化液的基本原料是工业磷酸、硝酸和氧化锌。可以按一定比例直接配成磷化液,也可以先制成磷酸二氢锌和硝酸锌浓溶液,再按一定比例加水配成磷化液。磷化处理的一般过程是:钢件→除油→水洗→酸洗→水洗→磷化→水洗→涂漆。除油可采用金属清洗剂在常温下进行,水洗时如表面不挂水珠,则表示除油彻底。酸洗液可用 20％H_2SO_4,洗到铁锈除净为止,酸洗温度过高或时间过长,会产生过腐蚀现象,应当避免。各水洗过程都用自来水,最好采用淋洗。

　　磷化过程包含着复杂的化学反应,涉及解离、水解、氧化还原、沉淀和配位反应等。

1. 磷化液中存在的两类化学反应(磷化前)

解离:

$$Zn(NO_3)_2 \longrightarrow Zn^{2+} + 2NO_3^-$$

$$Zn(H_2PO_4)_2 \longrightarrow Zn^{2+} + 2H_2PO_4^-$$

$$H_2PO_4^- \Longrightarrow HPO_4^{2-} + H^+ \quad (K_2 \approx 10^{-8})$$

$$HPO_4^{2-} \Longrightarrow PO_4^{3-} + H^+ \quad (K_3 \approx 10^{-13})$$

水解:

$$Zn^{2+} + H_2O \Longrightarrow [Zn(OH)]^+ + H^+ \quad (K_h \approx 10^{-10})$$

$$PO_4^{3-} + H_2O \Longrightarrow HPO_4^{2-} + OH^- \quad (K_{h_1} \approx 10^{-1})$$

$$HPO_4^{2-} + H_2O \Longrightarrow H_2PO_4^- + OH^- \quad (K_{h_2} \approx 10^{-6})$$

$$H_2PO_4^- + H_2O \Longrightarrow H_3PO_4 + OH^- \quad (K_{h_3} \approx 10^{-11})$$

由于磷化液的 pH 值在 2 左右,Zn^{2+} 的水解可以忽略。但磷酸根离子的水解比较显著,磷化液中 PO_4^{3-} 的浓度极小,即

$$c_{Zn^{2+}} \gg c_{H^+} \approx c_{H_2PO_4^-} > c_{HPO_4^{2-}} \gg c_{PO_4^{3-}}$$

2. 在钢铁表面上同时发生的两类化学反应(磷化时)

氧化还原:

$$Fe + 2H^+ \Longrightarrow Fe^{2+} + H_2\uparrow \tag{8-2-1}$$

$$3Fe + 2NO_3^- + 8H^+ \Longrightarrow 3Fe^{2+} + 2NO\uparrow + 4H_2O \tag{8-2-2}$$

$$3H_2 + 2NO_3^- + 2H^+ \Longrightarrow 2NO\uparrow + 4H_2O \tag{8-2-3}$$

反应(8-2-1)和反应(8-2-2)是钢铁的腐蚀;反应(8-2-3)是 NO_3^- 的去氢气作用,以保证磷化的正常进行。

沉淀:

$$Fe^{2+} + HPO_4^{2-} \Longrightarrow FeHPO_4\downarrow \tag{8-2-4}$$

$$3Zn^{2+} + 2PO_4^{3-} \Longrightarrow Zn_3(PO_4)_2\downarrow \tag{8-2-5}$$

伴随反应(8-2-1)和反应(8-2-2)的进行,在相界面处 H^+ 的浓度逐渐下降,pH 值升高;Fe^{2+} 浓度逐渐增大,当 $c_{Fe^{2+}} \cdot c_{HPO_4^{2-}} \geqslant K_{sp,FeHPO_4}$ 和 $c_{Zn^{2+}}^3 \cdot c_{PO_4^{3-}}^2 \geqslant K_{sp,Zn_3(PO_4)_2}$ 时,钢铁表面上将发生反应(8-2-4)、反应(8-2-5)。有人认为,早期生成的磷化膜的铁含量高,磷酸铁盐小晶粒是磷酸锌盐沉淀的基础;磷化膜的主要成分是 $FeHPO_4$ 和 Zn_3 $(PO_4)_2$。

3. 磷化液中发生的反应(磷化继续进行时)

$$[Fe(H_2O)_6]^{2+} + NO \Longrightarrow [Fe(NO)(H_2O)_5]^{2+} + H_2O$$

$$3Fe^{2+} + NO_3^- + 4H^+ \Longrightarrow 3Fe^{3+} + NO\uparrow + 2H_2O$$

$$Fe^{3+} + PO_4^{3-} \Longrightarrow FePO_4\downarrow$$

$$\text{(白色)}$$

因此可以看到磷化液由无色透明渐渐变成浅棕色,继而溶液混浊并产生白色沉淀。

4. 影响磷化质量的因素

钢铁种类及其表面状态、磷化温度和时间及磷化液中杂质离子的含量都对磷化质量有影响,这些因素之间是相互制约的,分析问题时应全面考虑。磷化液配方和工艺条件的确定,可通过正交实验方法进行优选。

实验三　防锈颜料磷酸锌的制备

提示

磷酸锌是一种新型防锈颜料,利用它可配制各种防锈涂料,以此代替氧化铅作为

底漆,可简化防锈工艺,避免铅中毒。

制备磷酸锌有几种方法,可由磷酸盐(Na_3PO_4、Na_2HPO_4)和锌盐进行复分解反应,或由锌盐在碱性条件下与磷酸反应,也可由锌的氧化物或氢氧化物与磷酸直接反应而制得。本实验采用 $ZnO(s)$ 与 H_3PO_4 溶液直接反应制取,反应方程式为

$$3ZnO + 2H_3PO_4 \longrightarrow Zn_3(PO_4)_2 + 3H_2O$$

此反应制取的是 $Zn_3(PO_4)_2 \cdot 4H_2O$,而用作颜料的是 $Zn_3(PO_4)_2 \cdot 2H_2O$,因此,在制得四水合晶体后须在 $100 \sim 110\ ℃$烘箱中脱水使之成为二水合晶体。

实验四　电厂水质综合检测

提示

设计实验方案,选择合适水质分析的方法,如滴定分析法、重量分析法、仪器分析法等。具体测定水样中电导率,pH 值,溶解固体的含量,碱度,硬度,钠、铁、钙、铜、钾、磷酸盐、二氧化硅的含量,化学需氧量等项目。对水质分析结果进行报告。

实验五　自组装膜金电极用于微量汞离子的检测研究

提示

(1) 认真查阅采用硫醇分子自组装膜金电极的制备方法和微量汞离子测定方法的相关文献及资料,培养查阅文献资料和独立思考的能力。

(2) 熟悉新型硫醇分子自组装膜金电极的制备方法、原理、特点和主要应用。

(3) 研制新型硫醇分子自组装膜金电极。

(4) 掌握新型硫醇分子自组装膜金电极测定微量汞离子的方法和原理。

实验六　新型金纳米颗粒传感膜的制备和表面修饰

提示

(1) 认真查阅金纳米颗粒传感膜制备及表面修饰研究的相关文献及资料,培养查阅文献资料和独立思考的能力。

(2) 了解纳米金膜制备方法和表面修饰方法,熟悉传感膜的制备、修饰和应用。

(3) 采用溶胶-凝胶法配制纳米颗粒乳浊液,掌握纳米金溶胶的电化学、光化学和电镜测量的表征方法。

(4) 研制能均向排列于基质表面的单层金纳米颗粒膜,采用自组装膜技术对金纳米颗粒膜表面进行各种化学修饰,制备出具有最佳光学性能的金纳米颗粒膜,并形成微/纳米传感芯片。

实验七　电化学分析法用于食品中微量亚硝酸根的检测

提示

（1）认真查阅电化学分析和食品中亚硝酸根测定的相关文献，培养查阅文献资料和独立思考的能力。

（2）熟悉纳米二氧化钛薄膜修饰金电极的原理、特点和主要应用。

（3）用循环伏安法研究亚硝酸根（NO_2^-）在纳米二氧化钛薄膜修饰金电极上的电化学行为。

（4）掌握用电化学分析法测定食品中微量亚硝酸根的检测方法。

实验八　原子吸收光度法测定火电厂水汽中微量铁、铜、锌

提示

对火力发电厂炉水和饱和水蒸气中铁、铜、锌等微量元素的测定一直是火电厂水汽品质监督的重要项目。火力发电厂炉水和饱和水蒸气中的铁长期以来一直是用邻二氮菲分光光度法进行测定的，该方法在分析过程中要经过加热浓缩，加反应试剂多达 4 种，因此分析速度慢、干扰严重且实验结果不稳定；对铜、锌的测定也是采用分光光度法，此方法同样存在许多不足。

试用原子吸收光度法测定火电厂炉水中铁、铜、锌的含量。

实验九　奶粉中微量元素 Zn、Cu 的原子吸收光度法测定

提示

原子吸收光度法是根据物质产生的原子蒸气对待测元素的特征频率的吸收作用来进行分析的方法。在一定的实验条件下，溶液的吸光度 A 与待测溶液的浓度 c 成正比，即

$$A = Kc$$

试用原子吸收光度法测定奶粉中微量元素 Zn、Cu 的含量。注意：测定食品中微量元素时，首先要将试样进行处理，使其中的待测元素溶解出来。试样可以用湿法处理，即将试样在酸中消解成溶液。

实验十　电位滴定法测定维生素 B₁ 药丸中维生素 B₁ 含量

提示

维生素 B₁ 的化学名称为 4-甲基-3-[（2-甲基-4-氨基-5-嘧啶基）甲基]-5-（2-羟基乙基）噻唑镓盐酸盐，可通过测定其中 Cl^- 的含量来确定维生素 B₁ 的含量。

试用电位滴定法测定维生素 B₁ 药丸中维生素 B₁ 的含量。

实验十一　　未知有机物的结构鉴定

提示

物质分子中的各种不同基团,在有选择地吸收不同频率的红外辐射后,发生振动能级之间的跃迁,形成各自独特的红外吸收光谱。由于基团的振动频率和吸收强度与组成基团的相对原子质量、化学键类型及分子的几何构型等有关。因此,根据红外吸收光谱的峰位、峰强、峰形和峰的数目,可以判断物质中可能存在的某些官能团,进而推断未知物的结构。

现有一未知样品,试通过所学的分析鉴定手段,来推断和鉴定其化学结构。

实验十二　　丙交酯的制备研究

背景

聚乳酸是一种无毒、无刺激性、具有生物相容性和生物降解性的高分子化合物,它在体内的代谢产物二氧化碳、水及乳酸均能参与人体的新陈代谢,因此,它在外科修复材料、药物运送载体等方面得到了广泛的应用。聚乳酸的制备主要有直接缩聚法和开环聚合法。前者是利用乳酸直接脱水缩合得到聚乳酸,这种方法得到的产物相对分子质量较低,且易分解,无实用价值;后者是将乳酸脱水缩合后得到的低聚物在催化剂的作用下,使其解聚得到丙交酯(LA),然后再加入催化剂使其开环聚合得到高相对分子质量的聚乳酸。因此丙交酯是合成生物降解的聚乳酸及其共聚物的基本原料。

在丙交酯的制备过程中,因反应温度高,如何防止炭化,如何提高产品的产率和纯度,是研究工作的重点。

丙交酯的分子式:

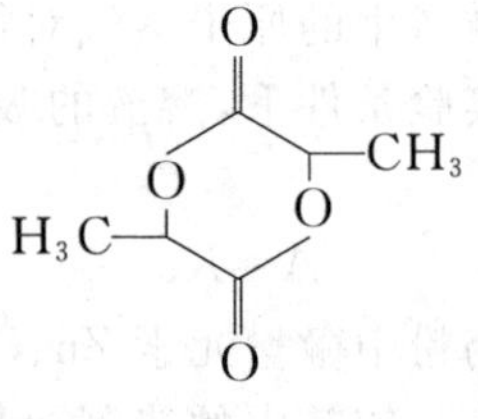

由于 D,L-乳酸单体直接聚合时,得到的往往是低聚物,为获得较高相对分子质量的聚乳酸,在聚合中常以乳酸的环状二聚体丙交酯作为单体。以 D,L-乳酸为原料,利用减压条件下乳酸缩聚为低聚物,然后高温下乳酸低聚物环化的方法合成D,L-丙交酯。丙交酯的合成是按下面路线进行的:

$$乳酸 \xrightarrow{脱水} 聚乳酸的低聚物 \xrightarrow{热裂解} 丙交酯$$

要求

(1) 查阅相关文献,比较不同的合成方法,设计可行的实验方案,合成 1 g 丙交酯。

（2）采用合适的方法提纯产品。

（3）对合成的丙交酯进行结构表征。

提　示

（1）设计可行的合成方案和实验装置,考察反应物浓度、反应时间、反应温度对反应的影响。

（2）选择合适的真空度以降低反应温度,减小炭化的可能性。

思考题

（1）为什么要控制聚乳酸低聚物的相对分子质量？如何控制？

（2）采用哪些方法可降低热裂解的温度,减少炭化的发生？

（3）乳酸缩聚的过程中,水的存在对反应有哪些影响？

实验十三　采用原电池法从废旧电子元件中提取银

实验目的

（1）学会对文献资料分析归纳,对含银电子元件回收银方法进行综述。

（2）通过探索研究,改进对含银废旧电子元件进行处理的方法,获得含银离子水溶液。

（3）采用线性电位扫描、循环伏安等电化学分析方法来研究含银废水的电化学特征,选择合适的阴极及阳极材料,设计一原电池,采用原电池法对含银废水中的银进行回收。

实验十四　纳米 TiO_2 光催化降解甲基橙的动力学研究

实验目的

（1）利用所学的化学动力学理论,对纳米 TiO_2 光催化降解甲基橙的动力学因素进行探讨,得出其光催化降解反应所遵循的动力学规律。

（2）得出纳米 TiO_2 光催化降解甲基橙反应的表观速率常数,阐明降解过程的动力学规律,旨在为纳米 TiO_2 光催化降解废水的工业应用奠定基础。

实验十五　　$C—O—C$、$C=O$、$O—H$ 等基团对导热涂料传热效果的影响

实验目的

（1）了解隔热功能涂料的研究现状。

（2）总结聚合物和无机材料中热能储存、转换及传递规律。

（3）学会导热系统测定仪的使用。

实验十六　应用热重分析仪研究物质的分解

提　示

（1）利用热重分析仪,使样品处于特定的环境和程序控制的温度下,检测样品的质量随温度或时间的变化,从而获得被测物质的各种物理化学性质。因此,热重分析仪已广泛应用于塑料、橡胶、涂料、药品、催化剂、无机材料、金属材料与复合材料等各领域的研究开发、工艺优化与质量监控。

（2）本设计实验的目的是引导学生开阔思路,用热重分析仪测定 $CuSO_4 \cdot 5H_2O$、草酸或未知物等在升温过程中质量变化或能量变化规律,得到对应的谱线。根据所得到的谱图,利用已学的理论知识,分析样品在加热过程中发生物理或化学变化的情况,考察试样在不同气氛下的热稳定性和发生变化的实质。

（3）在进行热力学性质教学过程中,可以应用仪器测定得到的谱图和实验数据对样品的化学物理性质进行分析,得到有用的实验结论。

（4）热重分析仪除了可以分析固体物质热分解以外,对液态物质有关的热力学性质也可以进行测定。

主要参考文献

[1] 大连理工大学无机化学教研室. 无机化学实验[M]. 2版. 北京:高等教育出版社,2004.

[2] 北京师范大学无机化学教研室. 无机化学实验[M]. 3版. 北京:高等教育出版社,2007.

[3] 武汉大学化学与分子科学学院. 分析化学实验[M]. 武汉:武汉大学出版社,2003.

[4] 濮文虹,刘光虹,喻俊芳. 水分析化学[M]. 武汉:华中科技大学出版社,2004.

[5] 聂麦茜,吴蔓莉. 水分析化学[M]. 北京:冶金工业出版社,2003.

[6] 国家环保总局编委会. 水和废水监测分析方法[M]. 北京:中国环境科学出版社,1989.

[7] 武汉大学. 分析化学[M]. 4版. 北京:高等教育出版社,2000.

[8] 李培元. 火力发电厂水处理及水质控制[M]. 北京:中国电力出版社,2000.

[9] 西安热工研究院. 火力发电厂水汽试验方法标准规程汇编[M]. 北京:中国标准出版社,1995.

[10] 景丽洁,宋闯,于泳,等. 离子选择性电极电位滴定法测定维生素 B_1 的含量[J]. 分析化学,2002,30(11):1402.

[11] 张玲,夏畅斌,康广博. 原子吸收光度法测定火电厂水汽中微量铁、铜、锌[J]. 长沙理工大学学报,2008,5(2):87.

[12] 俞英. 仪器分析实验[M]. 北京:化学工业出版社,2008.

[13] Cao Z,Zhang L,Guo C Y,et al. Evaluation on corrosively dissolved gold induced by alkanethiol monolayer with atomic absorption spectroscopy[J]. Materials Science and Engineering:C,2009,29(3):1051-1056.

[14] Cao Z,Gong F C,Li H P,et al. Approach on quantitative structure-activity relationship for design of a pH neutral carrier containing tertiary amino group [J]. Analytica Chimica Acta,2007,581(1):19-26.

[15] Cao Z,Xiao Z L,Gu N,et al. Corrosion Behaviors on Polycrystalline Gold Substrates in Self-Assembled Processes of Alkanethiol Monolayers [J]. Analytical Letters,2005,38(8):1289-1304.

[16] 单云. 原子吸收法同时测定大豆及其乳制品中 Zn、Cu、Co、Fe、Mn[J]. 光谱实验室,1998,15(2):94-95.

[17] Wang S F,Fang Z,Tan Y F. Application of thermo-electrochemistry to simultaneous leaching of sphalerite and MnO_2 [J]. Journal of Thermal Analysis and Calorimetry,2006,85:741-743.

[18] Cheng C C,Li X Z,Ma W H,et al. Effect of Transition Metal Ions on the TiO_2-Assisted Photodegradation of Dyes under Visible Irradiation:A Probe for the Interfacial Electron Transfer Process and Reaction Mechanism[J]. The Journal of Physical Chemistry B,2002,106(2):318-324.

[19] Hoffman M R,Martin S G,Choi W,et al. Environmental Applications of Semiconductor Photocatalysis[J]. Chemical Reviews,1995,95(1):69-96.

[20] 张文毓. 新型涂料的研究进展[J]. 现代涂料与涂装,2006,9:26-29.

[21] 赵英民,刘瑾. 高效防热隔热涂层应用研究[J]. 宇航材料工艺,2001,3:42-44.

[22] Xiao Z L,Chen Q Y,Yin Z L,et al. Calorimetric investigation on mechanically activated storage energy mechanism of sphalerite and pyrite [J]. Thermochimica Acta,2005,436(1-2):10-14.

[23] Xiao Z L,Liu D,Wang C F,et al. Study on the effect of mechanical alloying on properties of Zn-Sb alloy[J]. Journal of Thermal Analysis and Calorimetry,2009,95(2):513-515.

[24] Xiao Z L,Chen Q Y,Yin Z L,et al. Calorimetric studies on leaching of mechanically activated sphalerite in $FeCl_3$ solution[J]. Thermochimica Acta,2004,416(1-2):5-9.

附 录

附录 A 常用有机溶剂的纯化

1. 丙酮

沸点 56.2 ℃,折射率 1.358 8,相对密度 0.789 9。

普通丙酮常含有少量的水及甲醇、乙醛等还原性杂质。其纯化方法如下。

(1) 于 250 mL 丙酮中加入 2.5 g 高锰酸钾回流,若高锰酸钾紫色很快消失,再加入少量高锰酸钾继续回流,至紫色不褪为止。然后将丙酮蒸出,用无水碳酸钾或无水硫酸钙干燥,过滤后蒸馏,收集 55～56.5 ℃的馏分。用此法纯化丙酮时,须注意丙酮中含还原性物质不能太多,否则会过多消耗高锰酸钾和丙酮,使处理时间增加。

(2) 将 100 mL 丙酮装入分液漏斗中,先加入 4 mL 10%硝酸银溶液,再加入 3.6 mL 1 mol·L^{-1}氢氧化钠溶液,振摇 10 min,分出丙酮层,再加入无水硫酸钾或无水硫酸钙进行干燥。最后蒸馏收集 55～56.5 ℃的馏分。此法比方法(1)要快,但硝酸银较贵,只宜用于小量纯化。

2. 四氢呋喃

沸点 66 ℃,折射率 1.405 0,相对密度 0.889 2。

四氢呋喃与水能混溶,并常含有少量水分及过氧化物。如要制得无水四氢呋喃,可用氢化铝锂(通常 1 000 mL 需 2～4 g 氢化铝锂)在隔绝潮气下回流除去其中的水和过氧化物,然后蒸馏,收集 66 ℃的馏分。蒸馏时不要蒸干,将剩余少量残液倒出。精制后的液体加入钠丝并应在氮气氛中保存。

处理四氢呋喃时,应先用小量进行试验,在确定其中只有少量水和过氧化物,作用不致过于激烈时,方可进行纯化。

四氢呋喃中的过氧化物可用酸化的碘化钾溶液来检验。如过氧化物较多,应另行处理为宜。

3. 二氧六环

沸点 101.5 ℃,熔点 12 ℃,折射率 1.442 4,相对密度 1.033 6。

二氧六环能与水任意混合,常含有少量二乙醇缩醛与水,久贮的二氧六环可能含有过氧化物(鉴定和除去参阅乙醚)。二氧六环的纯化方法是在 500 mL 二氧六环中加入 8 mL 浓盐酸和 50 mL 水的溶液,回流 6～10 h,在回流过程中,慢慢通入氮气以除去生成的乙醛。冷却后,加入固体氢氧化钾,直到不能再溶解为止,分去水层,再用固体氢氧化钾干燥 24 h。然后过滤,在金属钠存在下加热回流 8～12 h,最后在金属钠存在下蒸馏,压入钠丝密封保存。精制过的二氧六环应当避免与空气接触。

4. 吡啶

沸点 115.5 ℃,折射率 1.509 5,相对密度 0.981 9。

分析纯的吡啶含有少量水分,可供一般实验用。如要制得无水吡啶,可将吡啶与粒状氢氧化钾(钠)一同回流,然后隔绝潮气蒸出备用。干燥的吡啶吸水性很强,保存时应将容器口用石蜡封好。

5. 石油醚

石油醚为轻质石油产品,是低相对分子质量烷烃类的混合物。其沸程为 30～150 ℃,收集的温度区间一般为 30 ℃左右。有 30～60 ℃、60～90 ℃、90～120 ℃ 等沸程规格的石油醚。其中含有少量不饱和烃(沸点与烷烃相近),用蒸馏法无法分离。

石油醚的精制通常是将石油醚用等体积的浓硫酸洗涤 2～3 次,再用 10% 硫酸加入高锰酸钾配成的饱和溶液洗涤,直至水层中的紫色不再消失为止。然后再用水洗,经无水氯化钙干燥后蒸馏。若需绝对干燥的石油醚,可加入钠丝(与纯化无水乙醚相同)。

6. 甲醇

沸点 64.96 ℃,折射率 1.328 8,相对密度 0.791 4。

普通未精制的甲醇含有 0.02% 丙酮和 0.1% 水。而工业甲醇中这些杂质的含量达 0.5%～1%。

为了制得纯度达 99.9% 以上的甲醇,可将甲醇用分馏柱分馏,收集 64 ℃ 的馏分,再用镁去水(与制备无水乙醇相同)。甲醇有毒,处理时应防止吸入其蒸气。

7. 乙酸乙酯

沸点 77.06 ℃,折射率 1.372 3,相对密度 0.900 3。

乙酸乙酯一般含量为 95%～98%,含有少量水、乙醇和乙酸,可用下面方法纯化:于 1 000 mL 乙酸乙酯中加入 100 mL 乙酸酐、10 滴浓硫酸,加热回流 4 h,除去乙醇和水等杂质,然后进行蒸馏。馏液用 20～30 g 无水碳酸钾振荡,再蒸馏。产物沸点为 77 ℃,纯度可达 99% 以上。

8. 乙醚

沸点 34.51 ℃,折射率 1.352 6,相对密度 0.713 78。

普通乙醚常含有 2% 乙醇和 0.5% 水。久藏的乙醚常含有少量过氧化物。

过氧化物的检验和除去:在干净的试管中放入 2～3 滴浓硫酸、1 mL 2% 碘化钾溶液(若碘化钾溶液已被空气氧化,可用稀亚硫酸钠溶液滴到黄色消失)和 1～2 滴淀粉溶液,混合均匀后加入乙醚,出现蓝色即表示有过氧化物存在。除去过氧化物可用新配制的硫酸亚铁稀溶液(用 60 g FeSO$_4$、100 mL 水和 6 mL 浓硫酸配制而成)。将 100 mL 乙醚和 10 mL 新配制的硫酸亚铁溶液放在分液漏斗中洗数次,至无过氧化物为止。醇和水的检验：乙醚中放入少许高锰酸钾粉末和 1 粒氢氧化钠，氢氧化钠表面附有棕色树脂，即证明有醇存在；水的存在用无水硫酸铜检验。先用无水氯化钙除去大部分水，再经金属钠干燥。其方法是：将 100 mL 乙醚放在干燥锥形瓶中，加入 20～25 g 无水氯化钙，瓶口用软木塞塞紧，放置一天以上，并间断摇动，然后蒸馏，收集 33～37 ℃的馏分。用压钠机将 1 g 金属钠直接压成钠丝放于盛乙醚的瓶中，用带有氯化钙干燥管的软木塞塞住；或在木塞中插一末端拉成毛细管的玻璃管，这样，既可防止潮气侵入，又可使产生的气体逸出。放置至无气泡发生即可使用。放置后，若钠丝表面已变黄变粗，须再蒸一次，然后再压入钠丝。

9. 乙醇

沸点 78.5 ℃，折射率 1.361 6，相对密度 0.789 3。

制备无水乙醇的方法很多，根据对无水乙醇质量的要求不同而选择不同的方法。

若要求 98%～99% 的乙醇，可采用下列方法。

（1）利用苯、水和乙醇形成低共沸混合物的性质，将苯加入乙醇中，进行分馏，在 64.9 ℃时蒸出苯、水、乙醇的三元共沸混合物，多余的苯在 68.3 ℃与乙醇形成二元共沸混合物被蒸出，最后蒸出乙醇。工业上多采用此法。

（2）用生石灰脱水。于 100 mL 95% 乙醇中加入新鲜的块状生石灰 20 g，回流 3～5 h，然后进行蒸馏。

若要 99% 以上的乙醇，可采用下列方法。

（1）在 100 mL 99% 乙醇中，加入 7 g 金属钠，待反应完毕，再加入 27.5 g 邻苯二甲酸二乙酯或 25 g 草酸二乙酯，回流 2～3 h，然后进行蒸馏。

金属钠虽能与乙醇中的水作用，产生氢气和氢氧化钠，但所生成的氢氧化钠又与乙醇发生平衡反应，因此单独使用金属钠不能完全除去乙醇中的水，须加入过量的高沸点酯（如邻苯二甲酸二乙酯）与生成的氢氧化钠作用，抑制上述反应，从而达到进一步脱水的目的。

（2）在 60 mL 99% 乙醇中，加入 5 g 镁和 0.5 g 碘，待镁溶解生成醇镁后，再加入 900 mL 99% 乙醇，回流 5 h 后，蒸馏，可得到 99.9% 乙醇。

由于乙醇具有非常强的吸湿性，所以在操作时，动作要迅速，尽量减少转移次数以防止空气中的水分进入，同时所用仪器必须事先干燥好。

10. 二甲基亚砜（DMSO）

沸点 189 ℃，熔点 18.5 ℃，折射率 1.478 3，相对密度 1.100。

二甲基亚砜能与水混合，可用分子筛长期放置加以干燥，然后减压蒸馏，收集 76 ℃/1 600 Pa（12 mmHg）的馏分。蒸馏时，温度不可高于 90 ℃，否则会发生歧化反应，生成二甲砜和二甲硫醚。也可用氧化钙、氢化钙、氧化钡或无水硫酸钡来干燥，然后减压蒸馏。还可用部分结晶的方法纯化。二甲基亚砜与某些物质混合时可能发生爆炸，如氢化钠、高碘酸或高氯酸镁等，应予以注意。

11. N,N-二甲基甲酰胺(DMF)

沸点 149~156 ℃,折射率 1.430 5,相对密度 0.948 7。

无色液体,与多数有机溶剂和水可任意混合,对有机和无机化合物的溶解性能较好。

N,N-二甲基甲酰胺含有少量水分。常压蒸馏时有些分解,产生二甲胺和一氧化碳。在有酸或碱存在时,分解加快。加入固体氢氧化钾(钠)在室温放置数小时后,即有部分分解。因此,常用硫酸钙、硫酸镁、氧化钡、硅胶或分子筛干燥,然后减压蒸馏,收集 76 ℃/4 800 Pa(36 mmHg)的馏分。其中如含水较多时,可加入其 1/10 体积的苯,在常压及 80 ℃以下蒸去水和苯,然后再用无水硫酸镁或氧化钡干燥,最后进行减压蒸馏。纯化后的 N,N-二甲基甲酰胺要避光储存。

N,N-二甲基甲酰胺中如有游离胺存在,可用 2,4-二硝基氟苯产生颜色来检查。

12. 二氯甲烷

沸点 40 ℃,折射率 1.424 2,相对密度 1.326 6。

使用二氯甲烷比氯仿安全,因此常常用它来代替氯仿作为比水重的萃取剂。普通的二氯甲烷一般都能直接用做萃取剂。如需纯化,可用 5%碳酸钠溶液洗涤,再用水洗涤,然后用无水氯化钙干燥,蒸馏收集 40~41 ℃的馏分,保存在棕色瓶中。

13. 二硫化碳

沸点 46.25 ℃,折射率 1.631 9,相对密度 1.263 2。

二硫化碳为有毒化合物,能使血液神经组织中毒,具有高度的挥发性和易燃性,因此,使用时应避免与其蒸气接触。

对二硫化碳纯度要求不高的实验,在二硫化碳中加入少量无水氯化钙干燥几小时,在水浴 55~65 ℃下加热蒸馏。如需要制备较纯的二硫化碳,在试剂级的二硫化碳中加入 0.5%高锰酸钾水溶液洗涤三次。除去硫化氢后再用汞不断振荡以除去硫。最后用 2.5%硫酸汞溶液洗涤,除去所有的硫化氢(洗至没有恶臭为止),再经氯化钙干燥,蒸馏。

14. 氯仿

沸点 61.7 ℃,折射率 1.445 9,相对密度 1.483 2。

氯仿在日光下易氧化成氯气、氯化氢和光气(剧毒),故氯仿应保存于棕色瓶中。市场上供应的氯仿多用 1%乙醇作为稳定剂,以消除产生的光气。氯仿中乙醇的检验可用碘仿反应;游离氯化氢的检验可用硝酸银的醇溶液。

为了除去乙醇,可将氯仿用其 1/2 体积的水振摇数次,分离下层的氯仿,用氯化钙干燥 24 h,然后蒸馏。

另一种纯化方法:将氯仿与少量浓硫酸一起振荡两三次。每 200 mL 氯仿用 10 mL浓硫酸,分去酸层以后的氯仿用水洗涤,干燥,然后蒸馏。

除去乙醇后的无水氯仿应保存在棕色瓶中并避光存放,以免光化作用产生光气。

15. 苯

沸点 80.1 ℃,折射率 1.501 1,相对密度 0.878 65。

普通苯常含有少量水和噻吩,噻吩的沸点 84 ℃,与苯接近,不能用蒸馏的方法除去。

噻吩的检验:取 1 mL 苯,加入 2 mL 溶有 2 mg 吲哚醌的浓硫酸,振荡片刻,若酸层呈蓝绿色,即表示有噻吩存在。噻吩和水的除去:将苯装入分液漏斗中,加入相当于苯 1/7 体积的浓硫酸,振摇使噻吩磺化,弃去酸液,再加入新的浓硫酸,重复操作几次,直到酸层呈现无色或淡黄色并检验无噻吩为止。将上述无噻吩的苯依次用 10% 碳酸钠溶液和水洗至中性,再用氯化钙干燥,进行蒸馏,收集 80 ℃的馏分,最后用金属钠脱去微量的水即得无水苯。

附录 B　常用溶剂的沸点、溶解性和毒性

溶剂名称	沸点/℃ (101.3 kPa)	溶　解　性	毒　性
液氨	−33.35	特殊溶解性:能溶解碱金属和碱土金属	剧毒性,腐蚀性
液态二氧化硫	−10.08	溶解胺、醚、醇、苯酚、有机酸、芳香烃、溴、二硫化碳,多数饱和烃不溶	剧毒
甲胺	−6.3	是多数有机物和无机物的优良溶剂,液态甲胺与水、醚、苯、丙酮、低级醇混溶,其盐酸盐易溶于水,不溶于醇、醚、酮、氯仿、乙酸乙酯	中等毒性,易燃
二甲胺	7.4	是有机物和无机物的优良溶剂,溶于水、低级醇、醚、低极性溶剂	强烈刺激性
石油醚	—	不溶于水,与丙酮、乙醚、乙酸乙酯、苯、氯仿及甲醇以上高级醇混溶	与低级烷相似
乙醚	34.6	微溶于水,易溶于盐酸,与醇、醚、石油醚、苯、氯仿等多数有机溶剂混溶	麻醉性
戊烷	36.1	与乙醇、乙醚等多数有机溶剂混溶	低毒性
二氯甲烷	39.75	与醇、醚、氯仿、苯、二硫化碳等有机溶剂混溶	低毒,麻醉性强
二硫化碳	46.23	微溶于水,与多种有机溶剂混溶	麻醉性,强刺激性
溶剂石脑油	—	与乙醇、丙酮、戊醇混溶	较其他石油系溶剂大
丙酮	56.12	与水、醇、醚、烃混溶	低毒,类乙醇,但较大
1,1-二氯乙烷	57.28	与醇、醚等大多数有机溶剂混溶	低毒,局部刺激性
氯仿	61.15	与乙醇、乙醚、石油醚、卤代烃、二硫化碳等混溶	中等毒性,强麻醉性
甲醇	64.5	与水、乙醚、醇、酯、卤代烃、苯、酮混溶	中等毒性,麻醉性
四氢呋喃	66	优良溶剂,与水混溶,易溶于乙醇、乙醚、脂肪烃、芳香烃、氯代烃	吸入微毒,经口低毒
己烷	68.7	甲醇部分溶解,与比乙醇高的醇、醚、丙酮、氯仿混溶	低毒,麻醉性,刺激性

溶剂名称	沸点/℃ (101.3 kPa)	溶　解　性	毒　性
三氟代乙酸	71.78	与水、乙醇、乙醚、丙酮、苯、四氯化碳、己烷混溶,溶解多种脂肪族、芳香族化合物	—
1,1,1-三氯乙烷	74.0	与丙酮、甲醇、乙醚、苯、四氯化碳等有机溶剂混溶	低毒类溶剂
四氯化碳	76.75	与醇、醚、石油醚、石脑油、冰乙酸、二硫化碳、氯代烃混溶	在氯代甲烷中,毒性最强
乙酸乙酯	77.112	与醇、醚、氯仿、丙酮、苯等大多数有机溶剂混溶,能溶解某些金属盐	低毒,麻醉性
乙醇	78.3	与水、乙醚、氯仿、酯、烃类衍生物等有机溶剂混溶	微毒类,麻醉性
丁酮	79.64	与丙酮相似,与醇、醚、苯等大多数有机溶剂混溶	低毒,毒性强于丙酮
苯	80.10	难溶于水,与甘油、乙二醇、乙醇、氯仿、乙醚、四氯化碳、二硫化碳、丙酮、甲苯、二甲苯、冰乙酸、脂肪烃等大多数有机物混溶	强烈毒性
环己烷	80.72	与乙醇、高级醇、醚、丙酮、烃、氯代烃、高级脂肪酸、胺类混溶	低毒,中枢抑制作用
乙腈	81.60	与水、甲醇、乙酸甲酯、乙酸乙酯、丙酮、醚、氯仿、四氯化碳、氯乙烯及各种不饱和烃混溶,但是不与饱和烃混溶	中等毒性,大量吸入蒸气可引起急性中毒
异丙醇	82.40	与乙醇、乙醚、氯仿、水混溶	微毒,类似乙醇
1,2-二氯乙烷	83.48	与乙醇、乙醚、氯仿、四氯化碳等多种有机溶剂混溶	高毒性,致癌
乙二醇二甲醚	85.2	溶于水,与醇、醚、酮、酯、烃、氯代烃等多种有机溶剂混溶。能溶解各种树脂,还是二氧化硫、氯代甲烷、乙烯等气体的优良溶剂	吸入和经口低毒
三氯乙烯	87.19	不溶于水,与乙醇、乙醚、丙酮、苯、乙酸酯、脂肪族氯代烃、汽油混溶	有机有毒品
三乙胺	89.6	与18.7 ℃以下水混溶,微溶于18.7 ℃以上的水。易溶于氯仿、丙酮,溶于乙醇、乙醚	易爆,皮肤黏膜刺激性强
丙腈	97.35	溶于醇、醚、DMF、乙二胺等有机物,与多种金属盐形成加成有机物	高毒性,与氢氰酸相似

溶剂名称	沸点/℃ (101.3 kPa)	溶　解　性	毒　性
庚烷	98.4	与己烷类似	低毒,刺激性,麻醉性
水	100	—	—
硝基甲烷	101.2	与醇、醚、四氯化碳、DMF 等混溶	麻醉性,刺激性
1,4-二氧六环	101.32	能与水及多数有机溶剂混溶,溶解能力很强	微毒,强于乙醚2~3倍
甲苯	110.63	不溶于水,与甲醇、乙醇、氯仿、丙酮、乙醚、冰乙酸、苯等有机溶剂混溶	低毒,麻醉作用
硝基乙烷	114.0	与醇、醚、氯仿混溶,可溶解多种树脂和纤维素衍生物	局部刺激性较强
吡啶	115.3	与水、醇、醚、石油醚、苯、油类混溶,能溶于多种有机物和无机物	低毒,皮肤黏膜刺激性强
4-甲基-2-戊酮	115.9	能与乙醇、乙醚、苯等大多数有机溶剂和动植物油相混溶	毒性和局部刺激性较强
乙二胺	117.26	溶于水、乙醇、苯和乙醚,微溶于庚烷	刺激皮肤、眼睛
丁醇	117.7	与醇、醚、苯混溶	低毒,大于乙醇3倍
乙酸	118.1	与水、乙醇、乙醚、四氯化碳混溶,不溶于二硫化碳及 C_{12} 以上高级脂肪烃	低毒,浓溶液毒性强
乙二醇一甲醚	124.6	与水、醛、醚、苯、乙二醇、丙酮、四氯化碳、DMF 等混溶	低毒
辛烷	125.67	几乎不溶于水,微溶于乙醇,与醚、丙酮、石油醚、苯、氯仿、汽油混溶	低毒,麻醉性
乙酸丁酯	126.11	优良有机溶剂,广泛应用于医药行业,还可以用作萃取剂	一般条件下毒性不大
吗啉	128.94	溶解能力强,超过二氧六环、苯和吡啶,与水混溶,溶于丙酮、苯、乙醚、甲醇、乙醇、乙二醇、2-己酮、蓖麻油、松节油、松脂等	腐蚀皮肤,刺激眼睛和结膜,蒸气引起肝肾病变
氯苯	131.69	能与醇、醚、脂肪烃、芳香烃和有机氯化物等多种有机溶剂混溶	低于苯,损害中枢系统
乙二醇一乙醚	135.6	与乙二醇一甲醚相似,但是极性小,与水、醇、醚、四氯化碳、丙酮混溶	低毒,二级易燃液体

续表

溶剂名称	沸点/℃ (101.3 kPa)	溶 解 性	毒 性
对二甲苯	138.35	不溶于水,与醇、醚和其他有机溶剂混溶	一级易燃液体
二甲苯	138.5~141.5	不溶于水,与乙醇、乙醚、苯、烃等有机溶剂混溶,在乙二醇、甲醇、2-氯乙醇等极性溶剂中部分溶解	一级易燃液体,低毒类
间二甲苯	139.10	不溶于水,与醇、醚、氯仿混溶,室温下溶于乙腈、DMF 等	一级易燃液体
乙酸酐	140.0	溶于苯、乙醇、乙醚	低毒,刺激性
邻二甲苯	144.41	不溶于水,与乙醇、乙醚、氯仿等混溶	一级易燃液体
N,N-二甲基甲酰胺	153.0	与水、醇、醚、酮、不饱和烃、芳香烃等混溶,溶解能力强	低毒
环己酮	155.65	与甲醇、乙醇、苯、丙酮、己烷、乙醚、硝基苯、石脑油、二甲苯、乙二醇、乙酸异戊酯、二乙胺及其他多种有机溶剂混溶	低毒,有麻醉性,中毒概率比较小
环己醇	161	与醇、醚、二硫化碳、丙酮、氯仿、苯、脂肪烃、芳香烃、卤代烃混溶	低毒,无血液毒性,刺激性
N,N-二甲基乙酰胺	166.1	溶于不饱和脂肪烃,与水、醚、酯、酮、芳香族化合物混溶	微毒
糠醛	161.8	与醇、醚、氯仿、丙酮、苯等混溶,部分溶于低沸点脂肪烃,一般不溶于无机物	有毒,刺激眼睛,催泪
N-甲基甲酰胺	180~185	与苯混溶,溶于水和醇,不溶于醚	一级易燃液体
苯酚(石炭酸)	181.2	溶于乙醇、乙醚、乙酸、甘油、氯仿、二硫化碳和苯等,难溶于烃类溶剂,65.3 ℃以上与水混溶,65.3 ℃以下分层	高毒,对皮肤、黏膜有强烈腐蚀性,可经皮肤吸收中毒
1,2-丙二醇	187.3	与水、乙醇、乙醚、氯仿、丙酮等多种有机溶剂混溶	低毒,吸湿,不宜静脉注射
二甲亚砜	189.0	与水、甲醇、乙醇、乙二醇、甘油、乙醛、丙酮、乙酸乙酯、吡啶、芳香烃混溶	微毒,对眼睛有刺激性
邻甲酚	190.95	微溶于水,能与乙醇、乙醚、苯、氯仿、乙二醇、甘油等混溶	参照甲酚
N,N-二甲基苯胺	193	微溶于水,能随水蒸气挥发,与醇、醚、氯仿、苯等混溶,能溶解多种有机物	抑制中枢和循环系统,经皮肤吸收中毒

溶剂名称	沸点/℃ (101.3 kPa)	溶　解　性	毒　性
乙二醇	197.85	与水、乙醇、丙酮、乙酸、甘油、吡啶混溶,在氯仿、乙醚、苯、二硫化碳等中难溶,在烃类、卤代烃中不溶,可溶解食盐、氯化锌等无机物	低毒类,可经皮肤吸收中毒
对甲酚	201.88	参照甲酚	参照甲酚
N-甲基吡咯烷酮	202	与水混溶,除低级脂肪烃外,可以溶解大多数无机物、有机物、极性气体、高分子化合物	毒性低,不可内服
间甲酚	202.7	参照甲酚	与甲酚相似
苄醇	205.45	与乙醇、乙醚、氯仿混溶,20 ℃在水中溶解3.8%(质量分数)	低毒,黏膜刺激性强
甲酚	210	微溶于水,能与乙醇、乙醚、苯、氯仿、乙二醇、甘油等混溶	低毒,腐蚀性,与苯酚相似
甲酰胺	210.5	与水、醇、乙二醇、丙酮、乙酸、二氧六环、甘油、苯酚混溶,几乎不溶于脂肪烃、芳香烃、醚、卤代烃、氯苯、硝基苯等	皮肤、黏膜刺激性强,可经皮肤吸收
硝基苯	210.9	几乎不溶于水,与醇、醚、苯等有机物混溶,对有机物溶解能力强	剧毒,可经皮肤吸收
乙酰胺	221.15	溶于水、醇、吡啶、氯仿、甘油、热苯、丁酮、丁醇、苄醇,微溶于乙醚	毒性较低
六甲基磷酸三酰胺	233(HMTA)	与水混溶,与氯仿配合,溶于醇、醚、酯、苯、酮、烃、卤代烃等	较大毒性
喹啉	237.10	溶于热水、稀酸、乙醇、乙醚、丙酮、苯、氯仿、二硫化碳等	中等毒性,刺激皮肤和眼睛
乙二醇碳酸酯	238	与热水、醇、苯、醚、乙酸乙酯、乙酸混溶,干燥醚、四氯化碳、石油醚中不溶	毒性低
二甘醇	244.8	与水、乙醇、乙二醇、丙酮、氯仿、糠醛混溶,与乙醚、四氯化碳等不混溶	微毒,可经皮肤吸收,刺激性小
丁二腈	267	溶于水,易溶于乙醇和乙醚,微溶于二硫化碳、己烷	中等毒性
甘油	290.0	与水、乙醇混溶,不溶于乙醚、氯仿、二硫化碳、苯、四氯化碳、石油醚	食用对人体无毒

附录 C　常见有机化合物物化常数

化学名	分子式	相对分子质量	熔点 /℃	沸点 /℃	闪点 /℃	密度 /(kg·m⁻³)	折射率	纯度 /(%)
甲醛	HCHO	30.03	−15	96	56	1.090 0	1.376 5	37% 水溶液
甲醇	CH₃OH	32.04	−98	64	11	0.790 0	—	≥99.0
乙腈	CH₃CN	41.05	−46	81~82	5	0.786 0	1.344 0	99
腈胺	CH₂N₂	42.04	45	260	141	—	—	95
乙醛	CH₃CHO	44.05	−125	21	−40	0.785 0	1.332 0	≥99.5
甲酸	HCOOH	46.03	8.2~8.4	100~101	68	1.220 0	1.370 4	96
甲肼	CH₃NHNH₂	46.07	−21	87	21	0.866 0	1.432 5	98
乙醇	C₂H₅OH	46.07	−114	78	16	0.790 0	1.360 0	99.5
水合肼	N₂H₄·H₂O	50.06	−51.7	120.1	73	1.032 0	1.428 0	98
甲醇钠	CH₃ONa	54.02	300	—	—	—	—	—
环丙胺	C₃H₇N	57.10	−50	49~50	−25	0.824 0	1.420 6	99
乙酰胺	C₂H₅NO	59.07	79~81	221		—	—	99
甲酸甲酯	HCOOCH₃	60.05	−100	34	−26	0.974 0	1.343 0	99
乙酸	CH₃COOH	60.05	16~16.5	117~118	40	1.049 0	—	96
脲	CH₄N₂O	60.06	133~135	—	—	1.335 0	—	98
异丙醇	(CH₃)₂CHOH	60.10	−89.5	82.4	11	0.785 0	1.377 0	99.9
乙醇胺	H₂NCH₂CH₂OH	61.08	10.5	170	93	1.012 0	1.454 0	99
氯化羟胺	H₃NO·HCl	69.49	155~157	—	152	1.67		97
丁酮	CH₃COC₂H₅	72.11	−87	80	−3	0.805 0	1.379 0	≥99.0
四氢呋喃	C₄H₈O	72.11	−108	65~67	−17	0.889 0	1.407 0	99.9
N,N-二甲基甲酰胺	C₃H₇NO	73.09	−61	153~154	57	0.94	—	99
正丁胺	CH₃(CH₂)₃NH₂	73.14	−49	78	−14	0.740 0	1.401 0	99.5
甲酸乙酯	HCOOC₂H₅	74.08	−80	52~54	−19	0.917 0	1.359 0	97
乙酸甲酯	CH₃COOCH₃	74.08	−98	57.5	−9	0.932 0	1.361 0	99.5
乙醚	C₂H₅OC₂H₅	74.12	−116	34.6	−40	0.706 0	1.353 0	≥99.0

化学名	分子式	相对分子质量	熔点/℃	沸点/℃	闪点/℃	密度/(kg·m⁻³)	折射率	纯度/(%)
叔丁醇	(CH₃)₃COH	74.12	25～25.5	83	11	0.78	1.386～1.388	99.5
正丁醇	C₄H₉OH	74.12	−90	117.7	35	0.810 0	1.399 0	99.8
乙二醇甲醚	CH₃OCH₂CH₂OH	76.10	−85	124～125	46	0.965 0	1.402 0	≥99.9
二硫化碳	CS₂	76.13	−111	46	−30	1.262	1.627 2	99.9
乙酰氯	CH₃COCl	78.50	−112	52	4	1.104 0	1.389 0	98
吡啶	C₅H₅N	79.10	−42	115	20	0.978 0	—	≥99.0
氢溴酸	HBr	80.91	−11	126	—	1.49	—	—
二甲胺盐酸盐	C₂H₇N·HCl	81.55	170～173	—	—	—	—	99
乙酸钠	CH₃COONa	82.03	324	—	—	1.528 0	—	99.99
N,N-二甲基乙酰胺	(CH₃)₂NCOCH₃	87.12	−20	164.5～166	70	0.937 0	1.438 0	≥99.9
氟硼酸	HBF₄	87.81	−90	130	—	1.41	—	—
1,4-二氧六环	C₄H₈O₂	88.11	11.8	100～102	12	1.034 0	1.422 0	≥99.0
叔丁基甲醚	(CH₃)₃COCH₃	88.15	−109	55～56	−32	0.740 0	1.369 0	99
异戊醇	(CH₃)₂CHC₂H₄—OH	88.15	−117	130	45	0.809 0	1.406 0	≥99.0
氰化亚铜	CuCN	89.56	474	—	—	2.92	—	99
草酸	HOOCCOOH	90.04	190	—	—	—	—	98
三聚甲醛	C₃H₆O₃	90.08	61～62.5	114～116	45	1.17	—	≥99.5
乙二醇二甲醚	C₄H₁₀O₂	90.12	−58	85	0	0.867 0	1.379 0	≥99.0
1,4-丁二醇	C₄H₁₀O₂	90.12	20	229.2	135	1.01	1.444 2～1.446 2	≥99.0
丙三醇	C₃H₈O₃	92.09	20	182	160	1.261 0	1.474 0	≥99.5
环氧氯丙烷	C₃H₅ClO	92.53	−57	115～117	33	1.183 0	1.438 0	≥99.0
氯代正丁烷	C₄H₉Cl	92.57	−123	77～78	−6	0.886 0	1.402 4	≥99.0

化学名	分子式	相对分子质量	熔点/℃	沸点/℃	闪点/℃	密度/(kg·m⁻³)	折射率	纯度/(%)
苯胺	$C_6H_5NH_2$	93.13	−6	184	70	1.022 0	1.586 0	≥99.5
4-甲基吡啶	C_6H_7N	93.13	2.4	145	56	0.957 0	1.505 0	98
间氨基吡啶	$C_5H_6N_2$	94.11	60~63	248	124	—	—	99
氟苯	C_6H_5F	96.10	−42	85	−12	1.024 0	1.465 0	99
顺丁烯二酸酐	$C_4H_2O_3$	98.06	54~56	200	103	1.48	—	99
甲基环己烷	$C_6H_{11}CH_3$	98.19	−126	101	−3	0.770 0	1.422 0	99
丁二酸酐	$C_4H_4O_3$	100.07	119~120	261	—	—	—	≥99.0
正庚烷	$CH_3(CH_2)_5CH_3$	100.21	−91	98	−1	0.684 0	1.387 0	≥99.0
二异丙胺	$C_6H_{15}N$	101.19	−61	84	−6	0.722 0	1.392 0	99
三乙胺	$C_6H_{15}N$	101.19	−115	88.8	−6	0.726 0	1.400 0	99
二乙烯三胺	$C_4H_{13}N_3$	103.17	−35	199~209	94	0.955 0	1.482 6	99
苯乙烯	$C_6H_5CH\!=\!CH_2$	104.15	−31	145~146	31	0.909 0	1.547 0	≥99.0
一缩二乙二醇	$C_4H_{10}O_3$	106.12	−10	245	143	1.110 0	1.445~1.448	99
苯甲醛	C_6H_5CHO	106.12	−26	178~179	62	1.044 0	1.545 0	≥99.5
乙基苯	$C_6H_5C_2H_5$	106.17	−95	136	22	0.867 0	1.495 0	99.8
对二甲苯	$CH_3C_6H_4CH_3$	106.17	12~13	138	25	0.866 0	1.495 0	≥99.0
间甲苯胺	$CH_3C_6H_4NH_2$	107.16	−30	203~204	85	0.999 0	1.568 0	99
对甲苯胺	$CH_3C_6H_4NH_2$	107.16	41~46	200	88	0.973 0	—	99
2,6-二甲基吡啶	C_7H_9N	107.16	−6	143~145	33	0.920 0	1.497 0	99
对苯醌	$C_6H_4O_2$	108.10	113~115	—	—	—	—	98
苯甲醇	$C_6H_5CH_2OH$	108.14	−15	205	93	1.045 0	1.540 0	99
茴香醚	$C_6H_5OCH_3$	108.14	−37	154	51	0.995 0	1.516 0	99.7
对氯三氟甲苯	$F_3CC_6H_4Cl$	108.56	−36	136~138	47	1.353 0	1.446 0	98

化学名	分子式	相对分子质量	熔点/℃	沸点/℃	闪点/℃	密度/(kg·m^{-3})	折射率	纯度/(%)
环丙基甲酸甲酯	$C_5H_8O_2$	100.11	—	119	17	0.980 0	1.417～1.419	98
苯腈	C_7H_5N	103.12	−13	188～191	71	1.01	1.528	99
苄胺	$C_6H_5CH_2NH_2$	107.16	10	184～185	60	0.981 0	1.543 0	99
邻甲苯胺	$CH_3C_6H_4NH_2$	107.16	−23(α)	199～200	85	1.004 0	1.572 0	99
苯甲醚	$C_6H_5OCH_3$	108.14	−37	154	51	0.995 0	1.516 0	99
对氨基苯酚	$HOC_6H_4NH_2$	109.13	188～190	284	189	—	—	97.5
对苯二酚	HOC_6H_4OH	110.11	172～175	285	65	1.32	—	99
对氟甲苯	$FC_6H_4CH_3$	110.13	−56	115.5	17	1.000 7	1.467 4～1.469 4	97
间氟甲苯	C_7H_7F	110.13	−87	115	12	0.99	1.468 5～1.470 5	99
对氟苯胺	C_6H_6FN	111.11	−1.9	187	73	1.157	1.538 5～1.540 5	98
氯苯	C_6H_5Cl	112.56	−45	132	23	1.107 0	1.524 0	99.9
己内酰胺	$C_6H_{11}NO$	113.16	69～71	268	139	—	—	≥99.0
三氟乙酸	CF_3COOH	114.02	−15.4	72.4	—	1.480 0	1.3	99
邻二氟苯	$C_6H_4F_2$	114.09	−34	92	2	1.15	1.441 7～1.443 7	98
异辛烷	C_8H_{18}	114.23	−107	98～99	−7	0.692 0	1.391 0	≥99.0
氯磺酸	$HClO_3S$	116.51	−80	151～152	—	1.75	1.433 1	98
邻甲基苯腈	C_8H_7N	117.15	−13	205	84	0.98	1.526 9～1.528 9	98
乙二醇一丁醚	$HOC_2H_4O(CH_2)_3CH_3$	118.18	−75	171	60	0.908 0	1.419 8	99
二氯亚砜	Cl_2OS	118.96	−105	76	—	1.63	1.519～1.521	≥99.5
N,N-二甲基苯胺	$C_6H_5N(CH_3)_2$	121.18	1.5～2.5	193～194	62	0.956 0	1.558 0	≥99.5
苯甲酸	C_6H_5COOH	122.12	121～123	249	121	1.08	—	99
苯乙醚	$C_6H_5OC_2H_5$	122.17	−30	169～170	57	0.966 0	1.508 0	99

化学名	分子式	相对分子质量	熔点/℃	沸点/℃	闪点/℃	密度/(kg·m⁻³)	折射率	纯度/(%)
氯乙酸乙酯	$CH_2ClCOOC_2H_5$	122.55	−26	143	65	1.14	1.421 0	99
1-溴丙烷	C_3H_7Br	123.00	−110	71	110	1.354 0	1.433 6	99
硝基苯	$C_6H_5NO_2$	123.11	5~6	210~211	87	1.196 0	1.551 0	≥99.0
邻氨基苯甲醚	$NH_2C_6H_4OCH_3$	123.16	5~6	225	98	1.092 0	1.574 0	≥99.0
对甲氧基苯酚	$C_7H_8O_2$	124.13	54	243	133	—	—	99
茴香硫醚	C_7H_8S	124.2	−15	188	57	1.05	1.584 2~1.586 2	99
硫酸二甲酯	$(CH_3)_2SO_4$	126.13	−32	188	83	1.333 0	1.386 5	≥99.0
氯化苄	$C_6H_5CH_2Cl$	126.59	−43	177~181	73	1.100 0	1.538 0	99
间氯甲苯	$CH_3C_6H_4Cl$	126.59	−48	160~162	50	1.072 0	1.522 0	97
邻氯甲苯	C_7H_7Cl	126.59	−36	157~159	47	1.083 0	1.525 0	98
对氯苯胺	$H_2NC_6H_4Cl$	127.57	69~72	232	>188	—	—	98
对苯二腈	NCC_6H_4CN	128.13	224~227	—	—	—	—	98
萘	$C_{10}H_8$	128.17	80~82	217.7	78	—	—	≥99.0
乙酰乙酸乙酯	$C_6H_{10}O_3$	130.14	−45	180	70	1.03	1.418~1.42	99
对羟基苯乙酮	$HOC_6H_4COCH_3$	136.15	109~111	147~148	166	—	—	98
苯甲酸甲酯	$C_6H_5COOCH_3$	136.15	−12	198~199	82	1.094 0	1.517 0	99
溴代正丁烷	C_4H_9Br	137.03	−112	100~104	13	1.276 0	1.439 0	≥99.0
对硝基甲苯	$CH_3C_6H_4NO_2$	137.14	52~54	238	106	1.392 0	—	99
邻硝基甲苯	$CH_3C_6H_4NO_2$	137.14	−3~−4	225	106	1.163 0	1.546 0	≥99.0
对硝基苯酚	$HOC_6H_4NO_2$	139.11	113~115	279	169	—	—	≥99.0
苯甲酰氯	C_6H_5COCl	140.57	−1	198	68	1.211 0	1.553 0	99

化学名	分子式	相对分子质量	熔点/℃	沸点/℃	闪点/℃	密度/(kg·m⁻³)	折射率	纯度/(%)
对氟硝基苯	$C_6H_4FNO_2$	141.1	27	205	83	1.33	1.530 2～1.532 2	99
邻氟硝基苯	$C_6H_4FNO_2$	141.1	−9～6	105～108	94	1.335	1.530 7～1.532 7	99
2-萘酚	$C_{10}H_7OH$	144.17	122～123	285～286	160	—		99
正辛酸	$CH_3(CH_2)_6COOH$	144.22	16～16.5	237	110	0.910 0	1.427 8	≥99.5
三乙烯四胺	$C_6H_{18}N_4$	146.24	12	266～267	143	0.982 0	1.497 1	60
对二氯苯	$C_6H_4Cl_2$	147.00	54～56	173	65	1.241 0	—	≥99.0
邻二氯苯	$C_6H_4Cl_2$	147.00	−17	180	65	1.306 0	1.551 0	99
原甲酸乙酯	$HC(OC_2H_5)_3$	148.20	−61	146	30	0.891 0	1.391 0	98
对叔丁基甲苯	$C_{11}H_{16}$	148.24	−54	189～192	54	0.861 2	1.491～1.493	96
三乙醇胺	$(HOC_2H_4)_3N$	149.19	17.9～21	360	185	1.124 0	1.483 5	98
酒石酸	$C_4H_6O_6$	150.08	170	—	210	—	—	
对叔丁基酚	$HOC_6H_4C(CH_3)_3$	150.22	98～101	236～238	113	0.9	1.478 7	97
对硝基苯甲醚	$NO_2C_6H_4OCH_3$	153.14	51～53	260	130	1.233 0	—	97
三氯氧磷	Cl_3OP	153.33	1.25	105.7	—	1.64	1.46～1.462	99
联苯	$C_{12}H_{10}$	154.21	69～72	255	113	0.992 0	—	99
对氯苯甲酸	ClC_6H_4COOH	156.57	239～241	274～276	238	—	—	99
邻氯苯甲酸	ClC_6H_4COOH	156.57	138～140	285	173	—	—	98
溴苯	C_6H_5Br	157.02	−31	156	51	1.491 0	1.559 0	≥99.0
3,4-二氟苯甲酸	$C_7H_4F_2O_2$	158.1	122～125	—	—	—	—	99
2,3-二氯甲苯	$C_7H_6Cl_2$	161.03	6	207～208	83	1.22	1.55～1.552	98
邻苯二甲酸	$C_8H_6O_4$	166.13	205	—	—	—	—	≥99.5

化学名	分子式	相对分子质量	熔点/℃	沸点/℃	闪点/℃	密度/(kg·m^{-3})	折射率	纯度/(%)
间硝基苯甲酸	$O_2NC_6H_4COOH$	167.12	140～142	—	—	—	—	99
2,3-吡啶二羧酸	$C_7H_5NO_4$	167.12	188～190	—	—	—	—	99
二苯胺	$(C_6H_5)_2NH$	169.23	52.5～54	302	152	—	—	≥99.0
溴代苄	$C_6H_5CH_2Br$	171.04	−3～−1	198～199	86	1.438 0	1.575 0	98
邻甲苯磺酰胺	$C_7H_9NO_2S$	171.22	156～158	—	—	—	—	99
2-溴苯胺	$BrC_6H_4NH_2$	172.03	29～31	229	>110	1.578 0	1.617～1.619	98
对甲苯磺酸	$CH_3C_6H_4SO_3H$	172.19	—	116	41	1.070 0	1.382 5～1.384 5	—
对甲苯磺酰胺	$CH_3C_6H_4SO_2NH_2$	172.22	138～139	221	202	—	—	≥99.0
对氨基苯磺酸	$H_2NC_6H_4SO_3H$	173.19	365	—	—	—	—	99
N-溴代丁二酰亚胺	$C_4H_4BrNO_2$	177.98	175～178	—	—	—	—	99
六氯苯	C_6Cl_6	284.78	227～229	323～326	—	—	—	99
乙二胺四乙酸	$C_{10}H_{16}N_2O_8$	292.24	250	—	—	—	—	99
酚酞	$C_{20}H_{14}O_4$	318.33	263～265	—	—	1.3	—	—
甲基橙	$C_{14}H_{14}N_3NaO_3S$	327.34	>300	—	—	1.000 0	—	—
四溴乙烷	$C_2H_2Br_4$	345.67	−1～1	119	—	2.967 0	1.637 0	98
正十二烷基苯磺酸钠	$C_{12}H_{25}C_6H_4SO_3Na$	348.48	—	—	—	—	—	88
乙酸铅	$C_4H_6O_4Pb·3H_2O$	379.33	75	280	—	2.550 0	—	≥99.99
多聚甲醛	$(HCHO)_n$	—	163～165	—	71	—	—	95
石蜡	—	—	54～56	322	198	—	—	—
异辛醇	$C_8H_{18}O$	130.23	−76	184	77	0.833	1.43～1.433	99
苯酚	C_6H_5OH	94.11	40～42	182	79	1.071 0	—	99

化学名	分子式	相对分子质量	熔点/℃	沸点/℃	闪点/℃	密度/(kg·m⁻³)	折射率	纯度/(%)
异丙醚	$C_6H_{14}O$	102.18	−85	68~69	−12	0.725 0	1.368 0	≥99.0
三氟化硼乙醚配合物	$(CH_3CH_2)_2OBF_3$	141.93	−58	126	47	1.120 0	1.348 0	48
五氟苯甲酸	$C_7HF_5O_2$	212.07	100~104	220	—	—	—	99
二甲基亚砜	CH_3SOCH_3	78.13	18.4	189	95	1.101 0	1.479 0	99.9
丙二酸二乙酯	$C_7H_{12}O_4$	160.17	−51~−50	199	100	1.055 0	1.414 0	99
邻苯二甲酸二甲酯	$C_{10}H_{10}O_4$	194.19	2	282	146	1.190 0	1.515 0	99
硫酸二甲酯	$(CH_3)_2SO_4$	126.13	−32	188	83	1.333 0	1.386 5	≥99.0
三氟乙酸乙酯	$F_3CCOOC_2H_5$	142.08	—	60~62	−1	1.194 0	1.307 0	99
α-萘胺	$C_{10}H_7NH_2$	143.19	48~50	301	110	1.114 0	—	
对溴苯酚	BrC_6H_4OH	173.01	64~68	235~236	—	—	—	97
邻甲基苯甲酸	$CH_3C_6H_4COOH$	136.15	103~105	258~259	148	1.062 0	—	≥98.0
乙酸乙酯	$CH_3COOC_2H_5$	88.11	−84	76.5~77.5	−3	0.902 0	1.372 0	≥99.5
石油醚	—	—	—	35~60	−30	0.64		
四氯化碳	CCl_4	153.82	−23	76~77	—	1.594 0	1.460 0	99
甲苯	$C_6H_5CH_3$	92.14	−93	110.6	4	0.865 0	1.496 0	99.5
对氯苯乙酮	$ClC_6H_4COCH_3$	154.60	20	232	90	1.192 0	1.554 9	97
乙醇钠	C_2H_5ONa	68.05	—	91	22	0.868	1.385	96
间氟苯胺	C_6H_6FN	111.11	—	186	77	1.15	1.543~1.545	98
间苯二甲酸	$C_8H_6O_4$	166.13	341~343	—	—	—	—	99
均三氯苯	$C_6H_3Cl_3$	181.44	63~65	208	126	—	—	99
金刚烷	$C_{10}H_{16}$	136.24	209~212	—	—	—	—	≥99.0

化学名	分子式	相对分子质量	熔点/℃	沸点/℃	闪点/℃	密度/(kg·m⁻³)	折射率	纯度/(%)
二乙胺	$(C_2H_5)_2NH$	73.14	−50	55	−28	0.707 0	1.385 0	≥99.0
正己烷	C_6H_{14}	86.18	−95	69	−23	0.659 0	1.375 0	95
3,5-二氯苯胺	$C_6H_5Cl_2N$	162.02	51～53	259～260	110	—	—	98
水合三氯乙醛	$Cl_3CCH(OH)_2$	165.4	57	97	—	—	—	98.5
喹啉	C_9H_7N	129.16	−16～−15	113～114	101	1.093 0	1.627 0	99
乙二胺	$C_2H_8N_2$	60.10	8.5	118	33	0.899 0	1.456 5	99
苯磺酰氯	$C_6H_5SO_2Cl$	176.62	15～17	251～252	110	1.384 0	1.552 0	99
间苯二胺	$C_6H_8N_2$	108.14	64～66	282～284	175	—	—	≥99.0
间二甲苯	C_8H_{10}	106.17	−48	138～139	25	0.868 0	1.497 0	≥99.0
邻苯二甲酸二丁酯	$C_{16}H_{22}O_4$	278.35	−35	340	171	1.043 0	1.492 0	99
邻苯二甲酸氢钾	$C_8H_5KO_4$	204.23	295～300	—	—	—	—	≥99.0
邻苯三酚	$C_6H_6O_3$	126.11	133～134	309	293	—	—	99
六次甲基四胺(乌洛托品)	$C_6H_{12}N_4$	140.19	280	—	250	—	—	99
三苯基膦	$C_{18}H_{15}P$	262.29	79～81	377	181	—	—	99
正戊烷	C_5H_{12}	72.15	−130	36	−49	0.626	1.358	≥99.0
对硝基氯苯	$ClC_6H_4NO_2$	157.56	83～84	242	110	1.298 0	—	99
己二酸	$C_6H_{10}O_4$	146.14	152～154	265	196	—	—	99
抗坏血酸	$C_6H_8O_6$	176.12	193	—	—	—	—	99
邻氨基苯甲酸	$C_7H_7NO_2$	137.14	144～148	—	150	1.41	—	≥98.0
三氯乙酸	CCl_3COOH	163.39	54～56	196	110	1.620 0	—	99
正戊酸	C_4H_9COOH	102.13	−20～−18	185	88	0.939 0	1.408 0	99
丙烯酸丁酯	$CH_2{=}CHCOOC_4H_9$	128.17	−64	145	39	0.894 0	1.418 0	≥99.0

化学名	分子式	相对分子质量	熔点/℃	沸点/℃	闪点/℃	密度/(kg·m⁻³)	折射率	纯度/(%)
间二硝基苯	$C_6H_4N_2O_4$	168.11	88～90	297	150	1.368 0	—	98
亚硝酸异戊酯	$C_5H_{11}NO_2$	117.15	—	99	10	0.872 0	1.386 0	97
丙酮	CH_3COCH_3	58.08	−94	56	−17	0.791 0	1.359 0	≥99.0
苯乙酮	$C_6H_5COCH_3$	120.15	19～20	202	82	1.030 0	1.532 5	99

附录 D　部分仪器的使用方法

1. 缓冲储气罐(图 D-1)

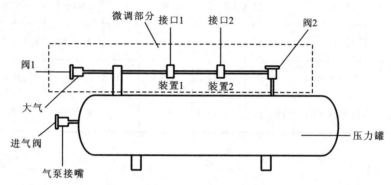

图 D-1　缓冲储气罐的结构及其说明

(1) 进气阀:对缓冲储气罐进行储压时使用。

(2) 阀 1:连接系统与大气的阀,系统需要增压时使用。

(3) 阀 2:连接系统与储气罐的阀,系统需要减压时使用。

(4) 接口 1 与接口 2 没有区分,用来连接压力计或饱和蒸气压测定系统。

2. DP-AF 精密数字压力计(图 D-2)

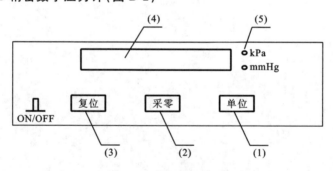

图 D-2　前面板示意图

(1) "单位"键:选择所需要的计量单位,当接通电源,kPa 指示灯亮(初始状态),显示以 kPa 为计量单位的零压力值;按一下"单位"键,mmHg 指示灯亮,显示以 mmHg 为计量单位的压力值。mmHg 只适用于 10 kPa 以下的 DP-AW 微压计。通常应选择法定的 kPa 为压力计量单位。

(2) "采零"键:扣除仪表的零压力值(即零点漂移)。

(3) "复位"键:程序有误时重新启动 CPU。

(4) 数据显示屏:显示被测压力数据。

(5) 指示灯:显示不同计量单位的信号灯。

3．SDC-Ⅲ数字电位差综合测试仪使用方法

用电源线将仪表后面板的电源插座与～220 V 电源连接，打开电源开关（ON），预热 15 min。

（1）以内标为基准进行测量。

① 校验。

（a）用测试线将被测电动势按"＋"、"－"极性与"测量插孔"连接。

（b）将"测量选择"旋钮置于"内标"。

（c）将"10"位旋钮置于"1"，"补偿"旋钮逆时针旋到底，其他旋钮均置于"0"，此时，"电位指标"显示"1.000000 V"。

（d）待"检零指示"显示数值稳定后，按一下"采零"键，此时，"检零指示"应显示"0000"。

② 测量。

（a）将"测量选择"置于"测量"。

（b）调节"$10^0 \sim 10^{-4}$"五个旋钮，使"检零指示"显示数值为负且绝对值最小。

（c）调节"补偿旋钮"，使"检零指示"显示为接近"0000"，此时，"电位显示"数值即为被测电动势的值。

注意：测量过程中，若"检零指示"显示溢出符号"OUL"，说明"电位显示"显示数值与被测电动势相差过大。

③ 关机：首先关闭电源开关（OFF），然后拔下电源线。

（2）以外标为基准进行测量。

① 校验。

（a）将已知电动势的标准电池按"＋"、"－"极性与"外标插孔"连接。

（b）将"测量选择"旋钮置于"外标"。

（c）调节"$10^0 \sim 10^{-4}$"五个旋钮和"补偿"旋钮，使"电位显示"显示的数值与外标电池数值相同。

（d）待"检零指示"显示数值稳定后，按一下"采零"键，此时，"检零指示"显示为"0000"。

② 测量。

（a）拔出"外标插孔"的测试线。再用测试线将被测电动势按"＋"、"－"极性接入"测量插孔"。

（b）将"测量选择"旋钮置于"测量"。

（c）调节"$10^0 \sim 10^{-4}$"五个旋钮，使"检零指示"显示数值为负且绝对值最小。

（d）调节"补偿旋钮"，使"检零指示"为"0000"，此时，"电位显示"数值即为被测电动势的值。

③ 关机：首先关闭电源开关（OFF），然后拔下电源线。

电流通过电池。因此，在用电化学方法研究化学反应的热力学性质时，所设计的电池应尽量避免出现液接界,在精确度要求不高的测量中,出现液接界电势时,常用"盐桥"来消除或减小。

4. SYC-15 超级恒温水浴使用说明

(1) 技术指标和使用条件。

① 技术指标。

技术指标如表 D-1 所示。

表 D-1　SYC-15 超级恒温水浴技术指标

使用温度范围	室温～95 ℃
稳定后温度波动范围	0.02～0.5 ℃(视所选用配套控温仪器而定)
循环泵流量	4 L·min⁻¹
功率	1.5 kW
水浴容积	15 L
外形尺寸	320 mm×380 mm×420 mm
重量	约 7 kg

② 使用条件。

电源:～220 V±10％,50 Hz。

环境:温度－10～50 ℃,湿度≤85％,无腐蚀性气体的场所。

(2) 使用方法。

以 SWQ 智能数字恒温控制器与 SYC-15 超级恒温水浴配套使用为例。

① 外观检查:表面应光洁、平整,无划痕、划伤,控制开关使用灵活可靠。

② 向水浴槽内注入其容积 3/4 的清水,水位高度大约 160 mm。有关实验仪器(如玻璃仪器等)请按实验报告要求安装连接。

③ 将 SWQ 智能数字恒温控制器的传感器插入水浴上盖板前方中间孔中,插入水中深度一般应大于 50 mm 为宜。

④ 将 SWQ 智能数字恒温控制器后面板的"加热器电源"插座与水浴后面板"加热器电源"插座用配备的对接线连接。

⑤ 接通水浴后面板"～220 V"电源,根据所需控温温度和加热速率选择水浴前面板"开""关""快""慢""强""弱"等开关。加热系统进入加热准备状态。

⑥ 接通 SWQ 智能数字恒温控制器"～220 V"电源,根据实验要求,在 SWQ 智能数字恒温控制器上设置所需的温度和回差要求。此时,系统进入加热自动控制工作状态。有关设置方法请参阅 SWQ 智能数字恒温控制器说明书。

⑦ 开始加热时,为使升温速度尽可能快,故需将加热器置于"强"的位置,但当温度接近所设温度前(达到设置温度前 2～3 ℃)将加热器置于"弱"的位置,以减缓升温速度,使温度上升平缓,避免温度过冲,以达到理想的控制效果。

⑧ 关机,首先关断 SWQ 智能数字恒温控制器"～220 V"电源,然后关断水浴"～220 V"电源,最后拔下两仪器"加热器电源"的对接线;同时将水浴前面板各开关分别置于"关""快""强"的位置。

（3）使用及维护注意事项。

① 为保证使用安全,必须先用对接线将两仪器的"加热器电源"相连接,然后接通水浴后面板的～220 V 电源,最后接通 SWQ 智能数字恒温控制器电源。

② 长期搁置再启动时,应将灰尘等打扫干净后,将水浴试通电,检查有无漏电现象,避免因长期搁置产生的灰尘及受潮造成漏电事故。

③ SWQ 智能数字恒温控制器应置于干燥、通风、无腐蚀性气体的场所。

④ SYC-15 超级恒温水浴的水位高度不得低于 130 mm,以免加热器因"干烧"损坏,造成事故。同时,因水位低造成水循环供给不足,影响实验顺利进行。

5. 旋光仪使用方法

（1）了解与熟悉旋光仪的构造和使用方法。

接通旋光仪电源线,打开仪器左侧的电源开关,预热 5 min,使钠灯发光稳定。打开仪器左侧钠灯直流供电开关。按仪器正面的"测量"键,这时液晶屏应有数字显示。注意:开机后"测量"键只需按一次,如果再按此键,则仪器停止测量,液晶屏无显示。这时可再次按"测量"键,液晶屏重新显示,此时需重新校正零点。若液晶屏已有数字显示,则不需按"测量"键。

（2）旋光仪的零点校正。

蒸馏水为非旋光物质,可以用来校正旋光仪的零点（即 $\alpha = 0$ 时仪器对应的状态）,并练习向旋光管中装样的操作。校正时,先洗净旋光管,将管的一端加上盖子,并由另一端向管内灌满蒸馏水,在顶上形成一凸面,然后垂直轻轻地盖上玻璃片,套上套盖,旋紧。注意:玻璃片要紧贴于旋光管,管内不应有气泡存在。旋紧套盖时,一只手握住旋光管,另一只手旋套盖,不能用力太猛,以免压碎玻璃片。然后用吸滤纸将管外的水擦干,再用擦镜纸将旋光管两端的玻璃片擦净,放入旋光仪的光路中。液晶屏显示数据后,接下仪器正面的"清零"键,使显示为零。

（3）旋光仪的测定。

将待测物质用旋光管装好,放入校正好的旋光仪内部,记录不同反应时间下仪表液晶屏上显示的动态数值,即为该时刻的旋光度。

6. 阿贝折射仪的操作规程

（1）准备工作。

① 在开始测定前必须先用标准试样校对读数。

② 开始测定之前必须将进光棱镜及折射棱镜擦洗干净,以免留有其他物质影响测定精度。

（2）测定工作。

① 将棱镜表面擦干净后把待测液体用滴管加在进光棱镜的磨砂面上,旋转棱镜

锁紧手柄,要求液体均匀无气泡并充满视场(若被测液体为易挥发物,则在测定过程中须用针筒在棱镜组侧面的一小孔内加以补充)。

② 调节两反光镜,使两镜筒视场明亮。

③ 旋转手轮使棱镜组转动,在望远镜中观察明暗分界线上下移动,同时旋转阿米西棱镜手轮使视场中除黑白二色外无其他颜色,当视场中无色且分界线在十字线中心时观察读数镜视场右边所指示刻度值,即为所测折射率。

④ 测试完毕后,须关闭输液泵、恒温水浴。

7. 电热恒温水浴锅操作规程

(1) 操作程序。

① 往锅内注入干净的水,水位至少达电热管上方 1 cm 处。

② 接通电源,打开开关开始加热。

③ 旋转温度调节旋钮,使旋钮上的刻度线指向工作所需的温度刻度。

④ 工作完毕将水放干。

(2) 注意事项。

① 用前必须先注入水,最低水位不得低于电热管以上 1 cm,水位过低会导致电热管表面温度过高而烧毁;使用过程中要随时注意水位。

② 如果需用沸水浴,加水量不宜过多,以免沸腾时溅出。

③ 未加水到适当位置前,切勿接通电源。

④ 温度控制器不可随意拆卸。

⑤ 外壳必须接地。

⑥ 控制箱内部应保持干燥,以防因受潮而导致漏电;应随时注意水箱是否有渗漏现象。

8. 磁天平使用方法

(1) 了解与熟悉磁天平的构造和使用方法。

开通总电源,检查操作台上的电子天平称重受力线是否自然下垂,不受周围干扰和接触;接通电子天平电源,检查天平是否正常;在将操作台上从左到右第一个旋钮(电流旋钮)逆时针旋转到尽头的条件下,然后将右手边的磁场线圈电源开关打开,预热,并检查实验室附近有无较强的空气扰动。

(2) 标定步骤。

取一支清洁、干燥的空样品管或者样品管悬挂在古埃磁天平的挂钩上,使样品管底部正好与磁极中心线对齐,然后将励磁稳流电流开关接通(励磁电流为零时才能开关电源),顺时针调节电流强度旋钮,准确读取空样品管或样品管在从小到大的不同电流下的电子天平示数;然后,逆时针旋转电流旋钮,读取空样品管在从大到小的不同电流下的电子天平示数。

附录 E　常压下乙醇-水的气-液平衡数据

液相中乙醇的摩尔分数 x/(%)	气相中乙醇的摩尔分数 x/(%)	液相中乙醇的摩尔分数 x/(%)	气相中乙醇的摩尔分数 x/(%)
0.00	0.00	45.41	63.43
1.00	11.00	50.16	65.34
2.01	18.68	54.00	66.92
4.00	27.30	59.55	69.59
5.07	33.06	64.05	71.86
6.00	34.00	70.63	75.82
7.95	40.18	75.99	79.26
10.48	44.61	79.82	81.83
14.95	49.77	85.97	86.40
20.00	53.09	89.41	89.41
25.00	55.48	90.00	89.80
30.01	57.70	95.00	94.20
35.09	59.55	100.00	100.00
40.00	61.44	—	—

附录 F　氨在水中的亨利系数

温度 $t/℃$	0	10	20	25	30	40
亨利系数 H/atm	0.293	0.502	0.778	0.947	1.250	1.938

注：1 atm＝101 325 Pa。

附录 G　乙醇-水溶液的密度

单位:kg・L^{-1}

溶液中乙醇的质量分数 $w/(\%)$	温度 $t/℃$					
	10	15	20	25	30	35
0	0.999 73	0.999 13	0.998 23	0.997 08	0.995 68	0.994 06
1	0.997 85	0.997 25	0.996 36	0.995 20	0.993 79	0.992 17
2	0.996 26	0.995 42	0.994 53	0.993 36	0.991 94	0.990 13
3	0.994 26	0.993 65	0.992 75	0.991 57	0.990 14	0.988 49
4	0.992 58	0.991 95	0.991 03	0.989 84	0.988 39	0.986 75
5	0.990 98	0.990 32	0.989 38	0.988 17	0.986 70	0.985 01
6	0.989 46	0.988 77	0.987 80	0.986 56	0.985 07	0.983 35
7	0.988 01	0.987 29	0.986 27	0.985 00	0.983 47	0.981 72
8	0.986 60	0.985 84	0.984 78	0.983 46	0.981 89	0.980 09
9	0.985 24	0.984 42	0.983 31	0.981 93	0.980 21	0.978 46
10	0.983 93	0.983 04	0.981 87	0.980 43	0.978 75	0.976 85
11	0.982 67	0.981 71	0.980 47	0.978 97	0.977 23	0.975 27
12	0.981 45	0.980 41	0.979 10	0.977 53	0.975 53	0.973 71
13	0.980 26	0.979 14	0.977 75	0.976 11	0.974 24	0.972 16
14	0.979 11	0.977 90	0.976 43	0.974 72	0.972 78	0.970 63
15	0.978 00	0.976 69	0.975 14	0.973 34	0.971 33	0.969 11
16	0.976 92	0.975 52	0.973 87	0.971 99	0.969 90	0.967 60
17	0.975 83	0.974 33	0.972 59	0.970 62	0.968 44	0.966 07
18	0.974 73	0.973 13	0.971 29	0.969 23	0.966 97	0.964 52
19	0.973 63	0.971 91	0.969 97	0.967 82	0.965 47	0.962 94
20	0.972 52	0.970 68	0.968 64	0.966 39	0.963 95	0.961 34
21	0.971 39	0.969 44	0.967 29	0.964 95	0.962 42	0.959 73
22	0.970 24	0.968 18	0.965 92	0.963 48	0.960 87	0.958 07
23	0.969 07	0.966 89	0.964 53	0.961 99	0.959 29	0.956 43
24	0.967 87	0.965 58	0.963 12	0.960 48	0.957 69	0.954 76
25	0.966 65	0.964 24	0.961 68	0.958 95	0.956 07	0.953 06

溶液中乙醇的质量分数 w/(%)	温度 t/℃					
	10	15	20	25	30	35
26	0.965 39	0.962 87	0.960 20	0.957 38	0.954 42	0.951 33
27	0.964 06	0.961 44	0.958 67	0.955 76	0.952 72	0.949 55
28	0.962 68	0.959 96	0.957 10	0.954 10	0.950 98	0.947 74
29	0.961 25	0.958 44	0.955 48	0.952 41	0.949 22	0.945 90
30	0.959 77	0.956 86	0.953 82	0.950 67	0.947 41	0.944 03
31	0.958 23	0.955 24	0.952 12	0.948 90	0.945 57	0.942 14
32	0.956 65	0.953 57	0.950 38	0.947 09	0.943 70	0.940 12
33	0.955 02	0.951 86	0.948 60	0.945 25	0.941 80	0.938 25
34	0.953 34	0.950 11	0.946 79	0.943 37	0.937 86	0.936 26
35	0.951 62	0.948 32	0.944 94	0.941 46	0.936 90	0.934 25
36	0.949 86	0.946 50	0.943 06	0.939 52	0.935 51	0.932 21
37	0.948 05	0.944 64	0.941 14	0.937 56	0.933 90	0.930 16
38	0.946 20	0.942 73	0.939 19	0.935 56	0.931 86	0.928 08
39	0.944 31	0.940 79	0.937 20	0.933 53	0.929 79	0.925 79
40	0.942 38	0.938 82	0.935 18	0.931 48	0.927 70	0.923 85
41	0.940 42	0.936 85	0.933 14	0.929 40	0.925 58	0.921 70
42	0.938 42	0.934 78	0.931 07	0.927 29	0.923 44	0.919 52
43	0.936 39	0.932 71	0.928 99	0.925 16	0.921 28	0.917 33
44	0.934 33	0.930 62	0.926 85	0.923 01	0.919 10	0.915 13
45	0.932 26	0.928 52	0.924 72	0.920 85	0.916 92	0.912 91
46	0.930 17	0.926 40	0.922 57	0.918 68	0.914 72	0.910 69
47	0.928 06	0.924 26	0.920 41	0.916 49	0.912 50	0.908 45
48	0.925 93	0.922 11	0.918 23	0.914 29	0.910 28	0.906 21
49	0.923 79	0.919 95	0.916 04	0.912 08	0.908 05	0.903 96
50	0.921 26	0.917 76	0.913 84	0.909 85	0.905 00	0.901 68
51	0.919 43	0.915 55	0.911 60	0.907 60	0.903 53	0.899 40
52	0.917 23	0.913 33	0.909 36	0.905 34	0.901 25	0.897 10
53	0.915 02	0.911 10	0.907 11	0.903 07	0.898 96	0.894 79

溶液中乙醇的质量分数 $w/(\%)$	温度 $t/℃$					
	10	15	20	25	30	35
54	0.912 79	0.908 85	0.904 85	0.900 79	0.896 67	0.892 48
55	0.910 55	0.906 59	0.902 58	0.898 50	0.894 37	0.890 16
56	0.908 31	0.904 33	0.900 31	0.896 21	0.892 06	0.887 84
57	0.906 07	0.902 07	0.898 03	0.893 92	0.889 75	0.885 52
58	0.903 81	0.899 80	0.895 74	0.891 62	0.887 44	0.883 19
59	0.901 54	0.897 52	0.893 44	0.889 31	0.885 12	0.880 85
60	0.899 27	0.895 23	0.891 13	0.886 99	0.882 78	0.878 51
61	0.896 98	0.892 93	0.888 82	0.884 46	0.880 44	0.876 15
62	0.894 68	0.890 62	0.886 50	0.882 33	0.878 09	0.873 79
63	0.892 37	0.888 30	0.884 17	0.879 98	0.875 74	0.871 42
64	0.890 06	0.885 97	0.881 83	0.877 63	0.873 37	0.869 05
65	0.887 74	0.883 64	0.879 48	0.875 27	0.871 00	0.866 67
66	0.885 41	0.881 30	0.877 13	0.872 91	0.868 63	0.864 29
67	0.883 08	0.878 95	0.874 77	0.870 54	0.866 25	0.861 90
68	0.880 74	0.876 60	0.872 41	0.868 17	0.863 87	0.859 51
69	0.878 39	0.874 24	0.870 04	0.865 79	0.861 48	0.857 10
70	0.876 02	0.871 87	0.867 66	0.863 40	0.859 08	0.854 70
71	0.873 65	0.869 49	0.865 27	0.861 00	0.856 67	0.852 28
72	0.871 27	0.867 10	0.862 87	0.858 59	0.854 26	0.849 86
73	0.868 88	0.864 70	0.860 47	0.856 18	0.851 84	0.847 43
74	0.866 48	0.862 29	0.858 06	0.853 76	0.849 41	0.845 00
75	0.864 08	0.859 88	0.855 64	0.851 34	0.846 98	0.842 57
76	0.861 69	0.857 47	0.853 22	0.849 81	0.844 55	0.840 13
77	0.859 27	0.855 05	0.850 79	0.846 47	0.842 11	0.837 68
78	0.856 85	0.852 62	0.848 35	0.844 03	0.839 66	0.835 23
79	0.854 42	0.850 18	0.845 90	0.841 58	0.837 20	0.832 77
80	0.851 97	0.847 72	0.843 44	0.839 11	0.834 73	0.830 29
81	0.849 50	0.845 25	0.840 96	0.836 64	0.832 24	0.827 80

续表

溶液中乙醇的质量分数 $w/(\%)$	温度 $t/℃$					
	10	15	20	25	30	35
82	0.847 02	0.842 77	0.838 48	0.834 15	0.829 74	0.825 30
83	0.844 53	0.840 28	0.835 99	0.831 64	0.827 24	0.822 79
84	0.842 03	0.837 77	0.833 48	0.829 13	0.824 73	0.820 27
85	0.839 51	0.835 25	0.830 95	0.826 60	0.822 20	0.817 74
86	0.836 97	0.832 71	0.828 40	0.824 05	0.819 65	0.815 19
87	0.834 41	0.830 14	0.825 83	0.821 48	0.817 08	0.812 62
88	0.831 81	0.827 54	0.823 23	0.818 88	0.814 48	0.810 03
89	0.829 19	0.824 92	0.820 62	0.816 26	0.811 86	0.807 42
90	0.826 54	0.822 27	0.817 97	0.813 62	0.809 22	0.804 78
91	0.823 86	0.819 59	0.815 29	0.810 94	0.806 55	0.802 11
92	0.822 14	0.816 88	0.812 57	0.808 23	0.803 84	0.799 41
93	0.818 39	0.814 13	0.809 83	0.805 49	0.801 11	0.796 69
94	0.815 61	0.811 34	0.807 05	0.802 72	0.798 35	0.793 93
95	0.812 78	0.808 52	0.804 24	0.799 91	0.795 55	0.791 14
96	0.809 91	0.805 66	0.801 38	0.797 06	0.792 71	0.788 31
97	0.806 98	0.802 74	0.798 46	0.794 15	0.789 81	0.785 42
98	0.803 99	0.799 75	0.795 47	0.791 17	0.786 84	0.782 47
99	0.800 94	0.796 70	0.792 43	0.788 14	0.783 82	0.779 64
100	0.797 84	0.793 60	0.789 34	0.785 06	0.780 75	0.776 41

图书在版编目(CIP)数据

基础化学实验(下)/杨道武,曾巨澜主编. —武汉:华中科技大学出版社,2009.9
(2022.7 重印)
ISBN 978-7-5609-5345-8

Ⅰ.①基… Ⅱ.①杨… ②曾… Ⅲ.①化学实验-高等学校-教材 Ⅳ.①O6-3

中国版本图书馆 CIP 数据核字(2009)第 083502 号

基础化学实验(下)   杨道武   曾巨澜   主   编

策划编辑:周芬娜
责任编辑:王晓琼   封面设计:潘   群
责任校对:周   娟   责任监印:徐   露

出版发行:华中科技大学出版社(中国·武汉)   电话:(027)81321913
         武汉市东湖新技术开发区华工科技园   邮编:430223

录   排:华中科技大学惠友文印中心
印   刷:武汉市洪林印务有限公司

开本:710mm×1000mm   1/16   印张:13   字数:250 000
版次:2009 年 9 月第 1 版   印次:2022 年 7 月第 8 次印刷   定价:37.00 元
ISBN 978-7-5609-5345-8/O·488

(本书若有印装质量问题,请向出版社发行部调换)